Python
遊戲
開發講座
演算法篇

廣瀬豪 著
許郁文 譯

ソーテック社

- Python 是 Python Software Foundation 的註冊商標。
  (〝Python〞and the Python Logo are trademarks of th Python Software Foundation.)

- 本書提及的公司名稱、商品名稱、服務名稱皆屬該公司的商標或註冊商標,內文省略 ™ 及 ®©
  這類版權符號。

- 本書是在 Windows 10 或 mac OS Catalina 作業環境下確認操作狀態。

- 本書使用的 Windows 或 Mac 的 Python 皆為 3.9.1 版。

- 本書提及的軟體版本、URL 或是畫面影像皆為撰稿當下(2021 年 2 月)的資料,有可能未經
  公告而修改。如果因為本書的內容、操作結果、運用結果而產生任何損害,請恕作者與株式會
  社 Sotech 公司不負任何責任。本書雖已於製作時力求正確,倘若內容有誤或不正確,本公司
  概不負任何責任。

＊　　　＊　　　＊

Python DE TSUKUTTE MANABERU GAME NO ALGORITHM NYUMON

Copyright © 2021 Tsuyoshi Hirose

Chinese translation rights in complex characters arranged with Sotechsha Co., Ltd.

through Japan UNI Agency, Inc., Tokyo

Complex Chinese Character translation © 2022 by GOTOP INFORMATION INC.

本書是利用 Python 程式設計語言製作遊戲與學習演算法的入門書。

Python 目前已是於軟體開發以及學術研究領域普及的程式語言，也是許多企業與教育機構使用的主流程式語言之一。此外，**基本資訊技術人員考試也新增了 Python 這項語言**，所以許多學習資訊處理的人都有機會接觸它。

Python 之所以如此受歡迎，理由在於：

* 語法簡單，只要幾行程式，就能寫出與其他程式語言一樣的程式。

* 寫好的程式可立刻執行，開發效率非常優異。

* 函式庫非常豐富，而且非常簡單好用。

在眾多程式語言之中，Python 特別容易上手、易學，這也是它如此普及的理由之一。

本書的重點在於學習演算法，主要會從帶領初學者入門的程式設計基礎開始，**一步步從簡單的演算法學到高階的演算法**，讓每位讀者都能讀懂本書的內容。裡頭所提及的演算法是解決問題的步驟或手段。學會演算法之後，就能具備解決各類問題的能力，所以一直有不少人強調學習演算法的重要性。或許大家覺得演算法很難，但請大家不要太擔心，本書會在**製作遊戲的過程中**，**帶著大家學會各種演算法**。

希望大家都能一邊開發遊戲，一邊快樂地學習程式設計與演算法。

廣瀨豪

Contents

Chapter 1

程式設計與演算法

Chapter 2

程式設計的基礎知識

Chapter 3 開發迷你遊戲

Chapter 4 在畫布繪製圖形

製作井字遊戲

製作翻牌配對遊戲

製作黑白棋遊戲～前篇～

Chapter 8 製作黑白棋遊戲～後篇～

Appendix 附錄 製作電子冰上曲棍球遊戲

本書的使用方法

在此先介紹與大家一起學習演算法的登場人物，以及說明一些在開始之前，應該先知道的事情，例如該如何閱讀本書或使用支援網頁的方法。

》》 登場人物簡介

本書登場的是下列兩位人物，他們會幫助大家正確地了解書中內容。「鳩山莉香」是負責補充說明的助手，「豐川優斗」則是與大家一起學習的年輕人。

鳩山莉香

於慶王大學理工學部學習資訊處理技術的理科女子。大學畢業後，進入軟體製作公司「Python Systems」服務，在技術部門負責開發程式。其優秀的技術得到上司青睞，因此被任命為公司內部的指導員。

豐川優斗

明收大學經濟學系畢業後，進入 Python Systems 業務銷售部門服務。Python Systems 規定每位新進員工都必須於技術部門進行員工訓練，所以目前在鳩山底下學習程式設計。

⟫⟫⟫ 本書的學習流程

本書將依照下列的步驟學習程式設計與演算法。

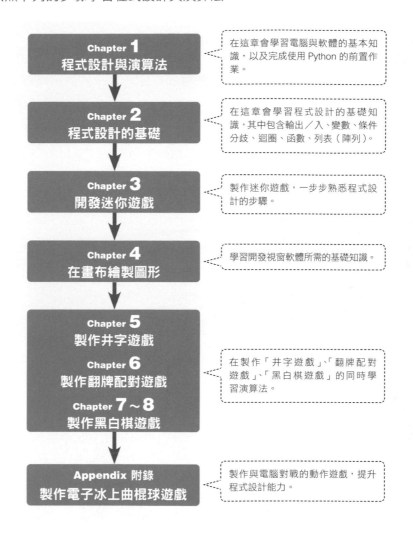

Chapter **1**
程式設計與演算法

在這章會學習電腦與軟體的基本知識,以及完成使用 Python 的前置作業。

Chapter **2**
程式設計的基礎

在這章會學習程式設計的基礎知識,其中包含輸出／入、變數、條件分歧、迴圈、函數、列表(陣列)。

Chapter **3**
開發迷你遊戲

製作迷你遊戲,一步步熟悉程式設計的步驟。

Chapter **4**
在畫布繪製圖形

學習開發視窗軟體所需的基礎知識。

Chapter **5**
製作井字遊戲

Chapter **6**
製作翻牌配對遊戲

在製作「井字遊戲」、「翻牌配對遊戲」、「黑白棋遊戲」的同時學習演算法。

Chapter **7～8**
製作黑白棋遊戲

Appendix 附錄
製作電子冰上曲棍球遊戲

製作與電腦對戰的動作遊戲,提升程式設計能力。

筆者的建議

就算遇到很難的內容,也不需要求自己當下全盤了解,只需要先貼張便條紙,標註一下,然後讀完整章再說。讀完整章之後,請回到剛剛覺得很難的部分。學習程式設計時,偶爾會遇到這種看完其他的部分,原本不懂的部分就豁然開朗的情況,所以建議大家不要太過執著某個部分,先讀完一遍再說。由於本書的主題是遊戲開發,所以請大家放輕鬆,開心地學吧!

››› 範例程式的使用方法

本書介紹的程式可於支援網頁下載。請大家至以下網址下載：

http://books.gotop.com.tw/download/ACG006800

下載的是以密碼加密的 ZIP 壓縮檔。必須先輸入本書第 295 頁的密碼解壓縮檔案之後，才能使用。

範例檔是依照下圖的結構儲存，每章的範例檔都存在不同的資料夾裡。至於使用的是哪一個程式，則會在程式碼的上方註明檔案名稱。如果自行撰寫的程式無法正常執行，請開啟該章的資料夾，參考其中的範例檔。

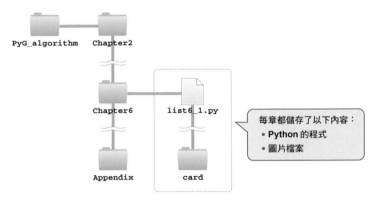

››› 程式碼的撰寫方式

本書介紹的程式是由行編號、程式碼、解說這三個欄位組成。如果程式碼太長，無法寫成一行，就會插入空白，讓程式碼換到下一行。

程式碼 ▶ 範例

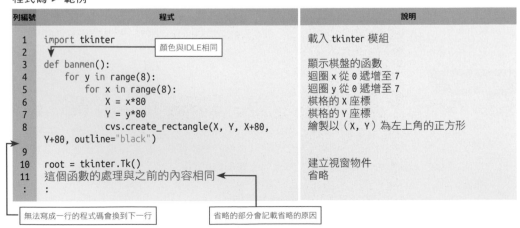

有些剛剛接觸程式設計的初學者會有「電腦的程式到底是什麼？」「演算法到底是什麼？」這類疑問。所以本書要在開始學習程式設計之前，先回答這些問題。就算是很熟悉電腦的人，或許也會從中得到一些新的知識，還請大家先讀過一遍喲！

接下來則是要帶著大家在電腦安裝 Python，完成程式設計所需的前置作業。

程式設計
與演算法

1

Chapter

電腦與程式設計語言

要了解電腦的程式就必須先了解電腦如何運作。接下來就為大家說明。

》》 硬體與軟體

電腦、智慧型手機、電視遊樂器這些裝置都被稱為硬體,而且都是透過系統軟體(作業系統)控制。

不管是電腦還是智慧型手機,都有不同的軟體與 App 正在運作,而這些軟體與 App 都是在作業系統(OS)運作的應用程式。舉例來說,應該有很多人都會使用 Edge 或是 Safari 這類網頁瀏覽器,或是製作文件的 Word 以及試算表軟體 Excel,而網頁瀏覽器與辦公室軟體就是最具代表性的應用程式。

控制硬體的軟體是 OS,在 OS 運作的軟體是應用程式,這些軟硬體之間的關係如下。

圖 1-1-1　硬體、OS、應用程式

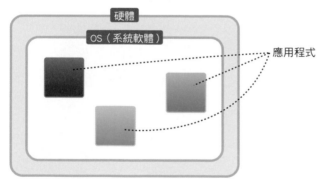

接著以智慧型手機為例,進一步說明。智慧型手機通常會搭載 iOS 或 Android 這類 OS。智慧型手機的用途除了打電話,還可以使用社群網站軟體,也可以利用照相機軟體拍照,或是利用電子計算機計算。社群網站軟體、照相機軟體、電子計算機都是在智慧型手機的 OS 運作的應用程式。

控制硬體基本處理的系統軟體,以及在**系統軟體運作的各種應用程式,都是利用程式設計語言撰寫。**

》》》 程式就在日常生活的機器之中運作

剛剛雖然舉出了電腦或智慧型手機這類例子，但其實透過電子迴路與程式驅動的裝置還不只這些，例如電視、冷氣、冰箱、洗衣機、吸塵器這類家電，汽車、摩托車、電車、飛機這類交通工具，自動販賣機、銀行 ATM、超商的多媒體終端裝置，各種機器與機械都內建了電腦元件，這些產品也都利用各種電腦應用程式控制。

圖 1-1-2　程式在日常生活的機器之中運作

原來是這樣。我們在日常生活中使用了許多利用電腦程式控制的東西啊！

對啊！所以我們的生活可少不了電子迴路與程式嘞！

什麼是程式？

接著具體說明電腦程式到底是什麼。

››› 什麼是電腦程式？

電腦程式就像是**命令電腦進行處理的指令表**。接著讓我們以電腦遊戲為例，說明什麼是指令表。請大家想像一下，利用電腦鍵盤的方向鍵或是電視遊樂器的搖桿控制主角的遊戲。

當你按下左鍵，主角就會往左移動，按下右鍵，就會往右移動。這就是透過程式下達

- 建立管理主角座標的變數 x 與 y。
- 按下左鍵時，讓變數 x 的值減少預先設定的量
- 按下右鍵時，讓變數 x 的值增加預先設定的量
- 於螢幕的（x, y）位置繪製主角

這類指令。

圖 1-2-1 向電腦下達指令，驅動遊戲的主角

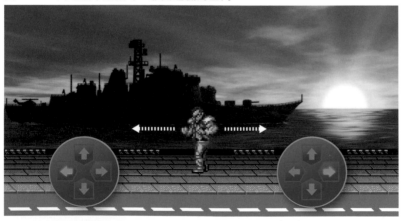

除了遊戲軟體與遊戲應用程式之外，所有的軟體或應用程式都是透過算式與指令組成的指令表（程式）運作。

電腦的應用程式稱為程式碼，有時也直接稱為程式。本書之後都統一稱為程式，而電腦遊戲則稱為「遊戲」。

》》》 各種程式設計語言

用於撰寫程式的程式設計語言中較有名的有 C、C++、C#、Java、Java-Script。

圖 1-2-2　各種程式設計語言

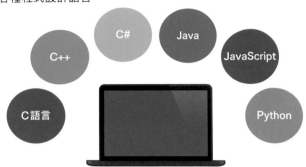

除了這些程式設計語言之外，可能還有人聽過 Swift、Perl、Ruby、VBA 這類程式設計語言。

本書介紹的 Python 是近年來人氣扶搖直上的程式設計語言。越來越多企業以 Python 開發公司內部系統，甚至有些基本資訊技術人員的考試也納入了 Python，對技術人員與學習資訊處理的人來說，Python 是越來越有機會接觸的程式設計語言。

C 語言、C++、Java 在許多系統軟體開發的領域應用，而 C# 則是用來開發 Windows 軟體的程式設計語言，有時也會搭配 Unity 這項工具開發智慧型手機的應用程式。

JavaScript 又是什麼樣的程式設計語言呢？

JavaScript 是於網頁瀏覽器後台運作的程式設計語言。例如在網頁顯示最新資訊或是更新圖片，都是由 JavsScript 進行。

程式真的是無所不在啊！

何謂演算法

接著說明什麼是演算法。

》》》 什麼是演算法

演算法就是解決問題的計算方法,或是解決問題的手段。在過去,演算法的意思是「筆算」,例如要用心算算出 78964×251 或 98435÷736 是件很難的事,但只要學會筆算,只要中途沒算錯,就能算出這種多位數的乘法或除法。筆算可說是在計算大數字時的重要手法。

到了現在,演算法的意思是「解決問題的連續步驟」。舉例來說,在知名的數學演算法之中,有一個計算兩個自然數的最大公約數的「輾轉相除法」。

》》》 程式的演算法

在開發程式時,也很常使用演算法這個字眼。舉例來說,電腦程式的演算法就是以程式設計語言撰寫,用於解決問題的步驟。例如處理資料的演算法包含:

- 從多筆資料找出目標值的搜尋演算法
- 將隨機排列的數值依序排列的排序演算法

這類演算法。

圖 1-3-1　演算法範例　搜尋演算法

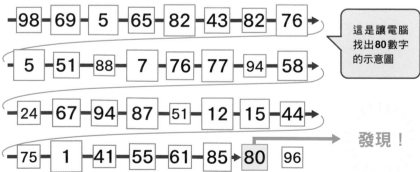

圖 1-3-2　演算法範例　排序演算法

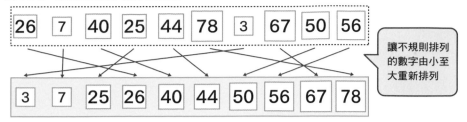

讓不規則排列的數字由小至大重新排列

搜尋演算法可用於搜尋文件之中的單字，排序演算法則可用於繪製電腦圖片的時候。搜尋單字或繪製圖片都只是其中一種例子，實際上，搜尋與排序這兩種演算法會應用於各式各樣的資料處理。

在遊戲開發的世界裡，最為有名的演算法就是判斷兩個物體是否接觸的碰撞偵測演算法，而這項演算法將於本書的附錄，也就是製作電子冰上曲棍球遊戲的時候說明。

》》》 解決遊戲開發的問題

讓我們將話題拉回 Lesson 1-2 的移動遊戲主角。假設有人給你一張主角的圖片，要求你「讓這個主角依照輸入的按鍵移動」，這時候如果你知道該怎麼根據輸入的按鍵計算座標，也知道在該座標的位置繪製圖片，就能寫出解決這個要求的程式。

換言之，解決「讓主角依照輸入的按鍵移動」這個問題的步驟（演算法），就是「依照輸入的按鍵計算座標，以及在該座標的位置繪製圖片」。從這個例子可以知道，電腦程式的演算法比數學的演算法更加廣義。

原來如此，我之前還以為演算法很抽象，原來是這麼具體的步驟，不過我現在還似懂非懂就是了。

這次會在第 2 章學習程式設計的基礎，從第 3 章開始製作遊戲。我們在寫各種程式的時候，就會知道演算法到底是什麼，所以現在不用太著急囉。

原來如此，那我就放心了。

邊開發遊戲，邊學習演算法

接著透過遊戲的開發說明學習演算法與程式設計的意義。

》》 透過遊戲開發學習的優點

本書會帶著大家一邊開發遊戲，一邊學習程式設計的技術與演算法。或許有人會覺得「為什麼要透過開發遊戲學習？」是因為透過遊戲開發學習演算法很有趣。

圖 1-4-1　快樂地學習

光是聽到演算法或程式設計這類字眼，可能有些人會覺得「很難」、「不知道該從哪裡開始」，但或許有許多人聽到開發遊戲會覺得「聽起來很難，但好像很有趣」、「如果學得會，想試試看」，對吧。

要製作很困難的遊戲當然需要更厲害的技術，這種程式設計的技術也不是一朝一夕就能學得會，不過，若是簡單的遊戲，就只需要學會程式設計的基技術。

本書會先帶著大家製作簡單的迷你遊戲，一邊熟悉程式設計的流程，一邊學習初階的演算法，再慢慢製作更困難的程式。最後則要挑戰翻牌配對遊戲的思考流程（人工智慧）。

快樂地學習能讓我們自然而然地學會演算法與程式設計的技術。大家都知道，讓人覺得快樂的事情才能持之以恆，而持續學習下去，程式設計的功力就會一步步提升。

>>> 初學者也能學得會的 Python

Python 的命令與語法都很單純,而且只要短短幾行程式就能完成處理。如果使用 Python,就能隨時寫幾行程式與確認執行過程。筆者的工作會用到 C、C++、C#、Java、JavaScript 以及其他的程式設計語言,但筆者確定在這些程式設計語言之中,Python 絕對是最適合初學者學習程式設計與演算法的程式設計語言。

透過 Python 學會程式設計的基礎之後,也比較容易挑戰 C 語言或 Java 這類語言。在硬體與軟體都越來越複雜的資訊處理世界之中,許多人應該樂於見到 Python 這個容易學習的語言越來越受歡迎與普及。

真的是有趣就能持之以恆。
前輩也是樂在其中嗎?

我是從比較難的 Java 開始學,所以學得很痛苦。

原…原來是這樣啊(汗)
還好我的新人教育訓練是學Python。

Python 的語法雖然簡單,但要記的東西還是很多,可不要掉以輕心喲!

了解了。

COLUMN

持之以恆,必有所成

筆者從小就很喜歡打電動,所以為了自己製作遊戲軟體而開始學習程式設計。一開始當然無法做出自己想要的遊戲。不過,當我一步步慢慢學之後,總算能做出簡單的迷你遊戲,而當我越學越久,也就能製作出更複雜的遊戲。

在技術還不夠純熟的時候,我也會覺得自己怎麼連這種遊戲都寫不出來,但回想學習程式設計的過程之後,發現自己學得很快樂,這一切都是因為想要自己製作一個屬於自己的遊戲,我也覺得能抱著這樣的心情學習程式設計,真的很幸福。或許有些讀者學程式設計學得很辛苦,也或許有些讀者會覺得光是閱讀 Python 的入門書學不會,但請大家享受本書的內容。一如「持之以恆,必有所成」這句話,在學習的過程中,一定會有收穫,等到大家讀完本書,一定會覺得自己的技術成長了不少。

Lesson 1-5

程式設計的準備① ── 顯示副檔名 ──

接下來要完成撰寫程式的前置作業。第一步是顯示副檔名,才方便管理檔案,如果已經看得到副檔名,可直接跳過這一節,閱讀 Lesson 1-6 的內容。

》》》 何謂副檔名

副檔名就是接在檔案名稱後面,用來識別檔案種類的字串,檔案名稱與副檔名之間則是以點(.)間隔。

圖 1-5-1　檔案的副檔名

例如,文字檔案的 txt、Word 文件的 docx 或 doc、圖片檔案的 bmp、png、jpeg 都是很常見的副檔名。

撰寫程式設計語言的程式的副檔名大致如下。

表 1-5-1　程式的副檔名種類

程式設計語言	副檔名
Python	py
C/C++	c、cpp
Java	java
JavaScript	js

使用 Windows 或 Mac 的讀者可分別透過下一頁的方式顯示副檔名。

》》在 Windows 的環境底下顯示副檔名

開啟資料夾，點選「檢視」，再勾選「副檔名」。

圖 1-5-2　在 Mac 的環境底下顯示副檔名

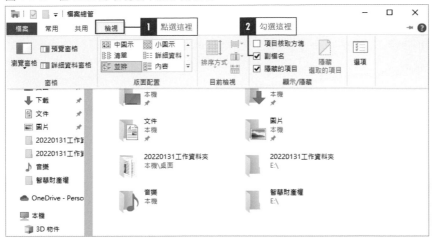

》》在 Mac 的環境底下顯示副檔名

選擇 Finder 的「偏好設定」，再於「進階」勾選「顯示所有檔案副檔名」。

圖 1-5-3　在 Mac 的環境底下顯示副檔名

要學習程式設計就必須顯示副檔名喲！

程式設計的準備②
—— 安裝 Python ——

接著要安裝 Python。如果已經安裝了 Python，可直接跳到 Lesson 1-7。
在此說明在 Windows 與 Mac 環境安裝 Python 的方法。使用 Mac 的讀者可直接翻至
第 25 頁再開始安裝。

> 若從官方網站安裝 Python 就能立刻
> 開始撰寫程式。

》》在 Windows 電腦安裝 Python

請先透過網頁瀏覽器瀏覽下列的網頁。

https://www.python.org/

點選「Downloads」，再點選「Windows」的「Python 3.*.*」按鈕。

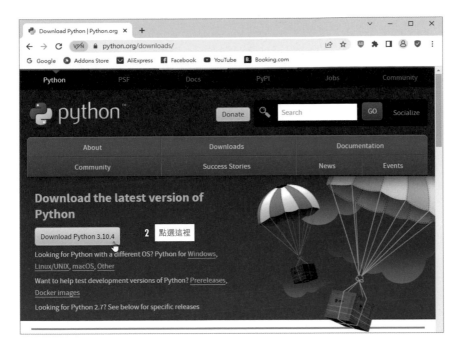

點選「開啟」之後，就會開始安裝。

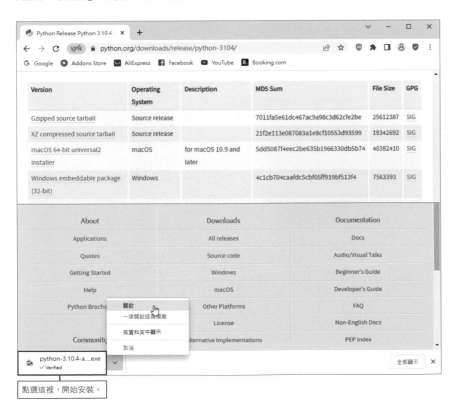

點選這裡，開始安裝。

勾選「Add Python 3.* to PATH」,再點選「Install Now」繼續安裝。

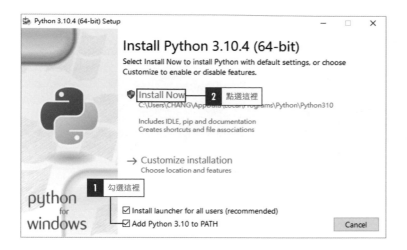

在「Setup was successful」畫面點選「Close」按鈕,完成安裝。

⫸ 在 Mac 環境安裝 Python

請利用網頁瀏覽器瀏覽下列的網址。

https://www.python.org/

請點選「Downloads」，再點選「macOS」的「Python 3.*.*」按鈕。

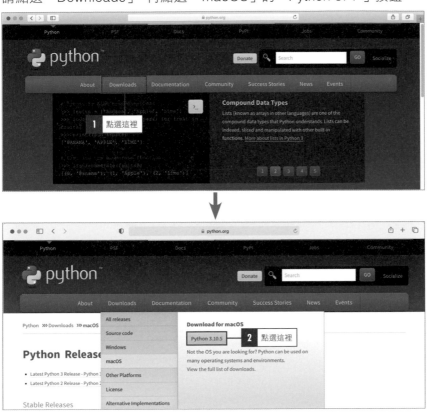

點選下載的「python-3.*.*-macosx***.pkg」。

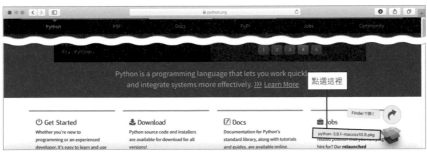

點選「繼續」開始安裝。

點選「繼續」繼續安裝。

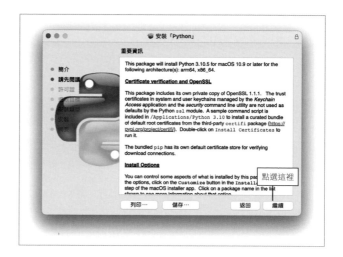

點選使用規範的「同意」，
繼續安裝。

不需要自訂，繼續安裝即
可。

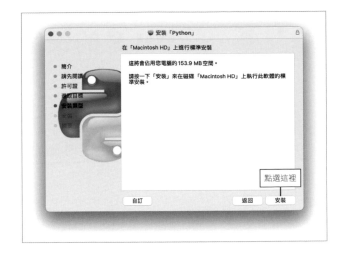

看到「已成功完成安裝。」
之後，點選「關閉」。
到此，安裝就完成了。

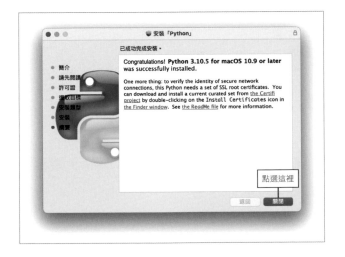

程式設計的準備③ —— IDLE 的使用方法 ——

本書會使用 Python 隨附的 IDLE 綜合開發環境輸入程式與確認程式是否能正常執行。綜合開發環境就是輔助軟體開發的工具。

如果已經習慣使用熟悉的文字編輯器或綜合開發環境撰寫 Python 的程式，當然可繼續使用這些軟體。這類讀者可跳過本節的內容，直接閱讀下一節的內容。

》》》 關於文字編輯器

可使用獨立運作的文字編輯器輸入與開發 Python 的程式。舉例來說，可使用 Windows 的「記事本」或是 Mac 的「文字編輯器」輸入程式，但開發軟體時，最好是使用專門的程式輸入工具。綜合開發環境也內建了文字編輯器，IDLE 也內建了「**Editor 視窗**」這種文字編輯器。

本章結尾的專欄將介紹可免費使用的知名文字編輯器。

》》》 IDLE 的 Shell 視窗與 Editor 視窗

接下來說明使用 IDLE 的方法。啟動 IDLE 之後，會看到下列的畫面。這個畫面稱為 Shell 視窗。

圖 1-7-1　Shell 視窗

```
IDLE Shell 3.10.4                                        —    □    ×
File  Edit  Shell  Debug  Options  Window  Help
    Python 3.10.4 (tags/v3.10.4:9d38120, Mar 23 2022, 23:13:41) [MSC v.1929 64 bit (
    AMD64)] on win32
    Type "help", "copyright", "credits" or "license()" for more information.
>>> |
```

請點選 Shell 視窗選單列的「File」→「New File」。

圖 1-7-2　新增檔案

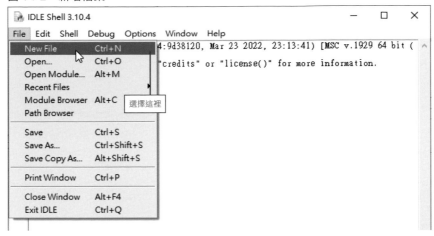

接著會啟動下列的 Editor 視窗。
程式可在這個 Editor 視窗輸入。

圖 1-7-3　Editor 視窗

如果使用的是 Python 3.8 之後的版本，可點選選單列的「Options」→「Show Line Numbers」顯示列編號。

圖 1-7-4　顯示列編號

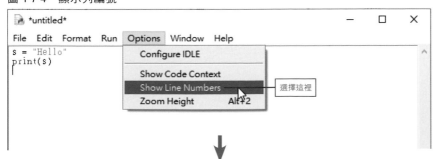

顯示列編號了

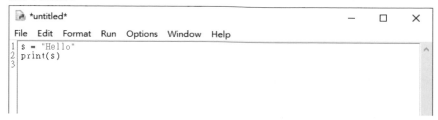

輸入程式之後，可點選 Editor 視窗選單列的「File」→「Save As...」，替程式取個檔案名稱再儲存，只要儲存過一次，之後就可以點選「File」→「Save」或是直接按下 Ctrl + S 儲存檔案。

圖 1-7-5　儲存程式

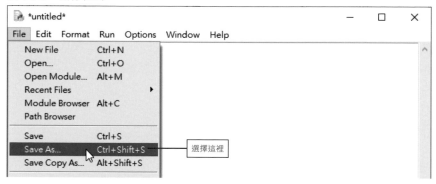

儲存程式之後，點選 Editor 視窗選單列的「Run」→「Run Module」，或是直接按下 F5 鍵（如果是有功能鍵的鍵盤可按下 Fn + F5 鍵）。

圖 1-7-6　執行程式

執行結果會於 Shell 視窗輸出。

圖 1-7-7　執行結果

總括來說，IDLE 的使用方法如下。

啟動 IDLE，開啟 Shell 視窗

開啟 Editor 視窗，輸入程式

替程式命名檔案名稱與儲存

以 Run Module 執行程式，再確認於 Shell 視窗輸出的結果

在 Editor 視窗輸入程式之後，命名檔案名稱與儲存程式。接著執行程式，再於 Shell 視窗確認結果……前輩，我記住了喲。

接著讓我們繼續下個步驟。第 2 章會實際輸入程式，一步步學習程式設計所需的基礎知識。

COLUMN

介紹適用於開發的文字編輯器

網路上有各式各樣的文字編輯器,而且多半都能免費使用。在此為大家介紹適用於程式設計的知名文字編輯器。

表 1-C-1　文字編輯器

Visual Studio Code	Microsoft 開發的文字編輯器 https://code.visualstudio.com/
Brackets	Adobe 開發的開源碼文字編輯器 http://brackets.io/
Atom	Github 開發的開源碼文字編輯器 https://atom.io/

這張表格裡的文字編輯器都可以免費使用,而且都支援 Python、C ／ C++、Java、JavaScript 以及其他的程式設計語言。

從下一章開始,會以在 IDLE 開發程式為前提進行說明,如果大家有慣用的文字編輯器,也可以繼續使用。

IDLE 雖然是執行速度很快又方便學習的工具,卻缺乏輔助程式設計的進階功能,而剛剛介紹的這些文字編輯器都內建了各種輔助程式設計的功能。如果需要開發進階的軟體,建議大家從這些文字編輯器之中,選擇一個順手的工具,提升開發的效率。

本章要介紹輸出／入、變數、條件
分歧、迴圈、函數、陣列（列表）
這類程式設計的基礎知識。不管要
撰寫什麼程式，都一定要了解這些
基礎知識。

如果已經使用了 Python 一段時
間，也已經了解上述的基礎知識，
可直接跳過本章，進入下一章的
內容。

程式設計的
基礎知識

Chapter

2

輸入與輸出

輸入與**輸出**是軟體最基本的處理。Python 可利用 print() 命令輸出字串,以及利用 input() 命令輸入字串。為了幫助大家了解輸出入的處理,會先説明電腦的基本處理,再確認以 print() 與 input() 撰寫的程式。

>>> 關於輸入與輸出

電腦最基本的處理就是根據輸入的資料計算,再輸出必要的結果。

圖 2-1-1　輸入與輸出

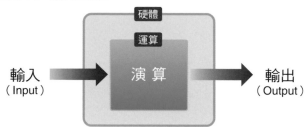

若以電視遊樂器説明這個流程,應該會更容易了解才對。在電視遊樂器(硬體)運作的遊戲軟體(軟體)會根據控制器輸入的內容移動遊戲主角或計算分數,再於螢幕或電視輸出影像,以及從揚聲器輸出聲音。

許多以電子迴路與程式控制的機器或機械都有相同的處理流程。讓我們以冷氣機為例吧。冷氣機可根據溫度感測器測得的溫度(輸入值)判斷要吹出冷風還是熱風,讓室溫維持在一定的溫度。吹出的空氣則可視為輸出值。

接著再以飲料自動販賣機為例。自動販賣機會以感測器偵測投入的硬幣或紙鈔,而這些硬幣或紙鈔就是輸入值。假設投入的金額與飲料的價格相符,對應的按鍵就會亮起。按鍵燈亮起就是輸出值。假設客人按了按鍵,完成所謂的「輸入」,對應的罐子或寶特瓶就會掉出來。飲料掉出來就是所謂的「輸出」。整個流程可透過輸入與輸出説明。

雖然冷氣機與自動販賣機是不同的機器,但都是透過電子迴路控制機械元件,以及透過程式完成各種輸入與輸出的機器。

原來如此。既然機器或機械都有輸入與輸出，那就代表裡面有電腦負責計算囉。

正是如此。

我之前都沒想過電腦的基本處理，這次真是學到不少。

接著讓我們踏出程式設計的第一步吧！也就是確認輸入與輸出這個電腦最基本的處理。

》》 使用 print() 命令

一開始讓我們使用輸出字串的 **print()** 命令確認處理流程。

請啟動 IDLE，再點選選單列的「File」→「New File」，開啟 Editor 視窗（文字編輯器）。

請在 Editor 視窗輸入下列的程式。這個程式只有一行程式碼。

輸入完畢後，替檔案命名與儲存，然後點選選單列的「Run」→「Run Module」（ F5 鍵）執行程式。

程式 2-1-1 ▶ print_1.py

列編號	程式	說明
1	print("開始設計程式吧！")	利用 print() 命令輸出字串

圖 2-1-2　執行結果

```
開始設計程式吧！
```

這個程式利用 print() 輸出字串。在**使用字串時，必須利用雙引號（"）括住字串的前後**。Python 也可以使用單引號（'）括住字串，但本書統一使用雙引號。

如果無法正確執行程式，請確認 print() 的拼字有無錯誤。在程式設計的世界裡，大小寫英文字母被視為不同的字母，所以若是將 print 的 p 打成大寫的 P，程式就無法正常執行。

接著要透過輸出變數值的程式進一步熟悉 print() 命令。**變數就是存放數字或字串的箱子**,而這部分會於 Lesson 2-2 進一步說明。

請輸入下列的程式,接著替程式命名與儲存,然後執行程式,確認執行結果。

程式 2-1-2 ▶ print_2.py

```
1  a = 100              將值代入名為 a 的變數
2  print(a)             輸出 a 的值
```

圖 2-1-3　執行結果

```
100
```

這個程式在第 1 行程式碼將數字代入變數 a,再於第 2 行程式碼輸出變數 a 的值。

>>> 試著使用 input() 命令

Python 可利用 **input()** 命令輸入字串。讓我們透過下列的程式確認 input() 的使用方法。

執行這個程式之後,Shell 視窗會顯示「請問尊姓大名?」然後滑鼠游標「|」不斷地閃爍。在此時輸入字串與按下 [Enter] 鍵(Mac 是按下 [return] 鍵),Python 就會回答「○○先生,謝謝您告訴我名字」。

程式 2-1-3 ▶ input_1.py

```
1  name = input("請問尊姓大名？ ")        利用 input() 命令輸入字串後,將字串代入變數
2  print(name+"先生,謝謝您告訴我名字")    利用「+」合併字串再輸出結果
```

圖 2-1-4　執行結果

```
請問尊姓大名？許郁文
許郁文先生,謝謝您告訴我名字
```

輸入**變數 =input(訊息)** 的程式,就能在 Shell 視窗輸出訊息,以及進入等待輸入的狀態。輸入字串之後按下 [Enter] 鍵,字串就會代入變數。

第 2 行程式碼利用加號合併變數 name 的內容與「先生,謝謝您告訴我名字」的字串,再輸出合併的結果。Python 可利用「+」合併字串。

這次的程式將變數名稱宣告為 name。變數名稱可以是 a、s、x 這類單一的英文字母，也可以是任何名稱，只要符合命名規則即可。

變數名稱的命名規則將於 Lesson 2-2 說明。

先記住 print() 與 input() 的使用方法吧。

了解！ print 與 input 的處理與英文單字的意思相同，所以很容易記住。

OK。接著要先告訴你與另一個輸入命令有關的注意事項。那就是 input() 雖然可接受半形數字，但是 Python 的 input() 會將數字當成字串。

原來是這樣啊，那麼該怎麼做才能輸入數字呢？

要將透過 input() 輸入的字串轉換成數字，必須利用 int() 或 float() 命令將字串轉換成整數或小數點。下一節再針對這個部分說明吧。

了解了。

COLUMN

撰寫程式的規則

撰寫電腦的程式需要遵守一些規則。在此為大家說明 Python 的主要規則。或許要一口氣全記住不是那麼容易，但請大家先了解一遍，之後再於寫程式的時候記住就好。

❶ 程式要以半形字母輸入，大小寫英文字母為不同的字母

```
O print("你好")
X Print("你好")
```

接續下一頁

❷ 使用文字時，必須以雙引號（ " ）或單引號（ ' ）括住

要利用 print() 輸出變數的字串時，要在字串前後加上「"」或「'」。

```
O  txt = "使用文字"
X  txt = 使用文字
```

❸ 關於空白字元的有無「其 1」

宣告變數、代入值或命令的 () 的半形空白字元可有可無。

```
O  a=10
O  a ␣ = ␣ 10
O  print("Python")
O  print( ␣ "Python" ␣ )
```

❹ 關於空白字元的有無「其 2」

命令的後面一定要輸入半形空白字元。

```
O  if ␣ a == 1: ── 在if的後面輸入空白字元
X  ifa == 1:
O  for ␣ i ␣ in ␣ range(10): ── 有三個地方輸入了空白字元
X  foriinrange(10):
```

如果 if、for、range 這類命令與其他的字母黏在一起，Python 就無法正確辨識這類命令。

❺ 可在程式輸入註解

註解就是寫在程式裡面的備忘錄。若能替複雜的命令或處理加上註解，之後就能快速重新檢視程式。Python 是利用「#」輸入註解。

```
print("你好") # 在這裡輸入註解
```

之後到換行之前的內容都不會被執行

舉例來說，將程式寫成 #print(" 你好 ") 之後，print() 命令就不會被執行，而這個過程可稱為「轉換成註解」。如果想保留暫時不想執行的命令，可將命令先轉換成註解。

Lesson 2-2 變數

接著要學習利用變數處理數字或字串的方法。

>>> 什麼是變數

變數就是位於電腦記憶體，用於存放資料的箱子。以下圖為例，就是將「10」這個數字放入名為「x」的箱子（變數），再將 Python 這個字串放入「s」這個箱子。

圖 2-2-1　輸入與輸出

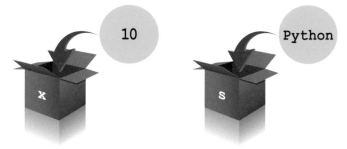

若將上面這張圖改寫成 Python 的程式，可寫成下列的內容。

程式 2-2-1 ▶ variable_1.py

```
1   x = 10                          將值代入變數 x
2   s = "Python"                    將值代入變數 s
3   print("x的值是", x)             輸出「x的值是」這個字串與 x 的值
4   print("s的值是", s)             輸出「s的值是」這個字串與 s 的值
```

圖 2-2-2　執行結果

```
x的值是 10
s的值是 Python
```

這個程式將值代入變數 x 與 s，再輸入這兩個變數的值。Python 的 print() 命令可利用逗號間隔多個字串或變數。

⫸ 變數的命名規則

變數可由撰寫程式的人決定名稱，而變數名稱可以是英文字母、數字、底線（_）的組合，其命名規則如下。

- 可利用英文字母與底線（_）隨意命名

  > 例　○ score = 10000、○ my_name = "Python"

- 可包含數字，但數字不能位於名稱的開頭

  > 例　○ data1 = 20、✗ 1data = 20

- 不可使用保留字

  > 例　✗ if = 0、✗ for = -5、✗ and = 100

保留字是專為命令電腦進行基本處理預留的詞彙。

Python 的保留字包含 **if**、**elif**、**else**、**and**、**or**、**for**、**while**、**break**、**continue**、**def**、**import**、**False**、**True** 與其他保留字。之後會依序說明這些保留字的意義與使用方法。

> 建議大家以小寫英文字母命令 Python 的變數，本書也都以小寫英文字母命名。如果有特殊理由的話，使用大寫英文字母也無妨。由於大小寫英文字母會被視為不同的字母，所以 book 與 Book 就會是不同的變數。

⫸ 變更變數值

以 Python 而言，在利用等號（=）將最初的值（**初始值**）代入變數時，該變數就已經可以使用。這個過程稱為**宣告變數**，而將值放入變數的「=」稱為**代入運算子**。

變數的值可以隨時更改。在「變數 =」的後面撰寫算式也能變更變數的值。

讓我們一起了解變更變數初始值的程式吧。

程式 2-2-2 ▶ variable_2.py

```
1  n = 10
2  print("n的初始值", n)
3  n = n + 20
4  print("在n加20之後，就變成", n, "了")
5  n = 500
6  print("在n另外代入", n, "了")
```

宣告 n 這個變數，再代入初始值
輸出 n 的值
在 n 加入 20，再代入 n
輸出 n 的值
將新的值代入 n
輸出 n 的值

圖 2-2-3　執行結果

```
n的初始值 10
在n加20之後，就變成 30 了
在n另外代入 500 了
```

這個程式在第 1 行程式碼宣告了變數 n，也代入了初始值，接著在第 2 行程式碼輸出初始值。

第 3 行的程式碼在 n 加入 20，再將結果代入 n，接著於第 4 行程式碼輸出變數的值。在第 5 行程式碼代入新的值，以及在第 6 行輸出該值。

原來程式設計語言的等號可將值代入變數，與數學左式等於右式的等號不一樣。

沒錯，注意到很重要的地方了呢！

>>> 關於運算子

variable_2.py 的第 3 行程式碼的 n = n + 20 是「在 n 加入 20，再將結果代入 n」的意思，也可以改寫成 n += 20。

執行加法、減法、乘法、除法的符號稱為**運算子**。乘法的運算子為 *（星號）、除法為 /（斜線）。

表 2-2-1　四則運算的運算子

四則運算	於程式使用的符號
加法（＋）	＋
減法（-）	-
乘法（×）	*
除法（÷）	/

除了上述這些運算子之外，還有計算乘冪（次方）的運算子、計算「商」的運算子以及計算「**餘數**」的運算子。

表 2-2-2　其他的運算子

	在Python使用的符號
乘冪	**
除法的商	//
除法的餘數	%

接著以圖說明 // 與 % 的使用方法。

程式 2-2-3 ▶ variable_3.py

```
1   print("20÷8=",20//8,"餘數",20%8)
```

圖 2-2-4　// 與 % 的使用方法

商可利用 20//8 計算

$20 \div 8 = \boxed{2}$餘$\boxed{4}$

餘數可利用 20%8 計算

》》》 字串與數字的互相轉換

int() 與 **float()** 命令可將字串轉換成數字。int() 可將字串或小數轉換成整數，float() 可將字串或整數轉換成小數。

接著介紹 int() 的使用方法。這次介紹的是將字串轉換成整數的程式，輸入的 777777 是字串，1554 則是數字。

程式 2-2-4 ▶ variable_4.py

```
1   s = "777"
2   print("字串的加法", s+s)
3   i = int(s)
4   print("數字的加法", i+i)
```

將字串 777 代入變數 s
利用「+」合併 s 與 s 的值再輸出結果
將 s 的值轉換成整數，再代入變數 i
利用「+」相加 i 與 i 的值再輸出結果

圖 2-2-5　執行結果

```
字串的加法 777777
數字的加法 1554
```

要將數字轉換成字串可使用 **str()** 命令。接著確認這個命令的使用方法。

程式 2-2-5 ▶ variable_5.py

```
1   f = 3.14159
2   s = "π為"+str(f)

3   print(s)
```

宣告變數 f，再代入小數
讓「π 為」這個字串以及轉換成字串的 f
的值合併，再代入 s
輸出 s 的值

圖 2-2-6　執行結果

> π 為3.14159

要讓「π 為」這個字串與 3.14159 這個數字合併，可仿照第 2 行的程式碼使用 str()
命令。要注意的是，將程式碼寫成 s="π 為 "+f 會發生錯誤。

到目前為止，覺得自己
學得怎麼樣？

嗯，大部分都記住了，但 // 與 % 的用
法好像有點容易忘。
我會在這個部分貼張便條紙，之後再
複習一遍。

條件分歧

程式的算式或命令都是依照撰寫的順序執行與進行處理，而所謂的條件分歧就是在某些條件成立時，讓處理的流程分歧的機制。

>>> 了解條件分歧

條件分歧是以 **if** 這個命令與確認條件是否成立的**條件式**組成。若將 if 的條件分歧寫成白話文，就會是「當某個條件成立，就執行這個處理」。

下圖就是利用 if 讓處理分歧的示意圖。

圖 2-3-1　if 命令的條件分歧

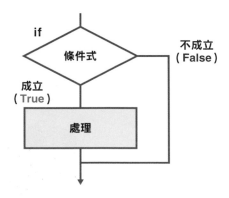

這種處理流程示意圖又稱為**流程圖**，是以線條連結不同元件繪製而成。這張圖就是以流程圖的元件說明條件分歧處理流程。

>>> if 陳述式的語法

利用 if 撰寫的處理稱為 if 陳述式。Python 的 if 陳述式可利用下列的語法撰寫。

圖 2-3-2　Python 的 if 陳述式

```
         條件式
      ┌────┴────┐        冒號
if  n  <  0  :←┘
□□□□print("n值為負數")
└──┬──┘└───────┬───────┘
  縮排    於條件成立時執行的處理
```

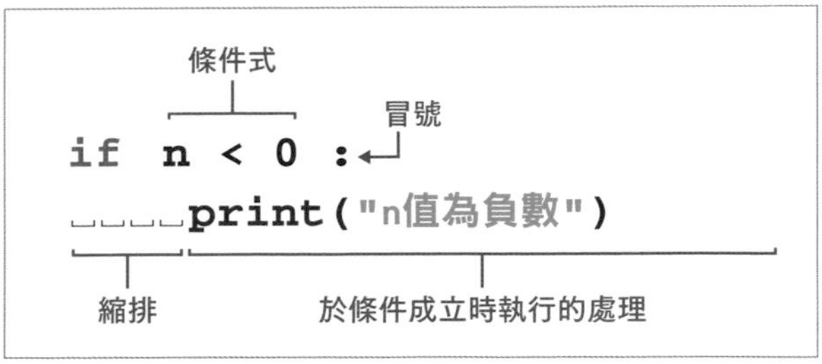

if 與條件式之間要植入半形空白字元。

於條件成立時執行的處理要先**縮排**再撰寫。縮排的部分稱為**區塊**，也就是獨立而完成的一套處理。**Python 的區塊必須以縮排撰寫。**

Python的縮排通常會是4個半形空白字元。

>>> 利用 if 撰寫的程式

接著讓我們了解以 if 陳述式撰寫的程式。

程式 2-3-1 ▶ if_1.py

```
1  n = 0
2  if n > 0:
3      print("n的值比0大")
4  if n < 0:
5      print("n的值比0小")
6  if n == 0:
7      print("n的值為0")
```

將值代入變數 n
假設 n 大於 0
輸出「n的值比 0 大」
假設 n 小於 0
輸出「n 的值比 0 小」
假設 n 等於 0
輸出「n 的值為 0」

圖 2-3-3　執行結果

```
n的值為0
```

這個程式的第 1 行程式碼將 0 代入變數 n，所以第 2 行的 n>0 與第 4 行的 n<0 的條件式都不成立，只有第 6 行的 n==0 的條件式成立。所以執行了第 7 行的處理。要調查變數是否等於某個數字時，必須如第 6 行一般，連續輸入 2 個等號。

如果將這個程式的第1行改成n=-10，會得到什麼結果呢？

呃…第2行的n>0不會成立，但第4行的n<0成立，所以會輸出「n的值比0小」吧？

沒錯。試著調整第 1 行的 n 值，確認不同的結果吧。不斷地輸入資料以及確認處理流程，就能一步步學會程式設計喲。

了解了！

>>> 關於條件式

讓我們一起學習條件式的語法吧。條件式可透過下列的語法撰寫。

表 2-3-1　條件式

條件式	確認的內容
a==b	確認 a 與 b 的值是否相等
a!=b	確認 a 與 b 的值是否不相等
a>b	確認 a 是否大於 b
a<b	確認 a 是否小於 b
a>=b	確認 a 是否大於等於 b
a<=b	確認 a 是否小於等於 b

Python 將條件式成立的情況稱為 **True**，將不成立的情況稱為 **False**。True 與 False 是邏輯型的值，這部分會在本章結尾的專欄進一步說明。在此先記住 if 陳述式會在條件式為 True 時執行區塊的處理。

除了 if 之外，還有 if else 與 if elif else 這類條件式。接著為大家依序介紹。

>>> if ~ else

可利用 **if ~ else** 撰寫的條件式成立或不成立執行不同的處理。

圖 2-3-4　if ~ else 的處理流程

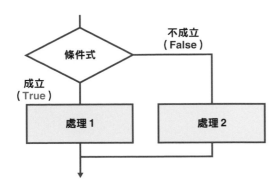

讓我們一起了解以 if ~ else 撰寫的程式。

程式 2-3-2 ▶ if_2.py

```
1  n = -10                          將值代入變數 n
2  if n > 0:                        假設 n 比 0 大
3      print("n是比0大的值 ")        輸出「n 是比 0 大的值」
4  else:                            假設 n 比 0 小
5      print("n是比0小的值")         輸出「n 是比 0 小的值」
```

圖 2-3-5　執行結果

> n是比0小的值

這個程式在第 1 行程式碼將負數代入 n，所以第 2 行的條件式不成立，執行了 else 區塊的第 5 行程式。

要記得在 else 的後面加入冒號喲。

》》》 if ~ elif ~ else

if ~ elif ~ else 可依序確認多個條件。

圖 2-3-6　if ~ elif ~ else 的處理流程

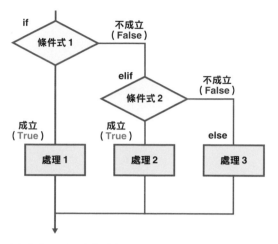

讓我們一起確認以 if ~ elif ~ else 撰寫的程式。

程式 2-3-3 ▶ if_3.py

```
1   n = 1000                        將值代入 n
2   if n == 0:                      如果 n 為 0
3       print("n為0"")              輸出「n 為 0」
4   elif n > 0:                     否則，當 n 大於 0
5       print("n是正數")            輸出「n 是正數」
6   else:                           如果以上的條件都不成立
7       print("n是負數")            輸出「n 是負數」
```

圖 2-3-7　執行結果

```
n是正數
```

由於在第 1 行程式碼將 1000 代入了 n，所以第 4 行的條件式成立，也執行了第 5 行的內容。雖然這個程式只使用了一個 elif，但其實可利用 if ~ elif ~…~ elif ~ else 這種語法，以 2 個以上的 elif 依序判斷多個條件。

 請試著將第 1 行的 n 設定為 0 或負數，確認處理的流程。

>>> and 與 or

也可以利用 and 或 or 在 if 陳述式撰寫多個條件式。and 的意思是「並且」，or 的意思是「或」。讓我們一起了解以 and 與 or 撰寫的程式。

程式 2-3-4 ► if_and.py

```
1  x = 1
2  y = 2
3  if x>0 and y>0:
4      print(" 變數x與y都是正數 ")
```

將值代入變數 x
將值代入變數 y
假設 x 大於 0，且 y 大於 0
輸出「變數 x 與 y 都是正數」

圖 2-3-8　執行結果

> 變數x與y都是正數

由於 x 與 y 都代入比 0 大的數字，所以第 3 行的 and 條件式成立，也執行了第 4 行的程式。試著將 x 或 y 設定為 0 或負數，看看在第 3 行的條件式不成立的情況，是否真的不會輸出任何結果。

程式 2-3-5 ► if_or.py

```
1  v = 10
2  w = 0
3  if v == 0 or w == 0:
4      print("v與w其中之一為0")
```

將值代入變數 v
將值代入變數 w
假設 v 為 0 或 w 為 0
輸出「v 與 w 其中之一為 0」

圖 2-3-9　執行結果

> v與w其中之一為0

上述的程式將 10 代入 v，將 0 代入 w，所以第 3 行的 or 條件式成立，也執行了第 4 行的處理。試著將 v 與 w 代入 0 以外的數字，看看在第 3 行的條件式不成立的情況下，是否真的不會輸出任何結果。

熟悉 if 的語法了嗎？

這只是習慣問題，久了就能寫出各種程式囉。

嗯，算是理解了吧，但是當 if～elif～else 與 and 或 or 搭在一起使用，就搞不清哪些條件會成立與不成立。

了解了。

迴圈

迴圈就是讓電腦依照指定的次數重複執行處理的語法。

》》》 了解迴圈

迴圈是以 for 或 while 這類命令撰寫。若寫成白話文,就是下列的內容。

- 利用 **for** 撰寫的迴圈→讓變數的值在某個範圍之內變化,並在這段期間執行處理
- 利用 **while** 撰寫的迴圈→在某個條件成立的期間重複執行處理。

讓我們先從 for 迴圈開始介紹,while 的部分會在第 55 頁說明。

》》》 **for** 陳述式的語法

利用 **for** 撰寫的迴圈稱為 for 陳述式。for 陳述式的流程如下。

圖 2-4-1　利用 for 撰寫的迴圈

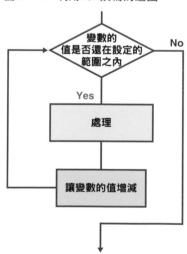

Python 的 for 陳述式可透過下列的語法撰寫。

圖 2-4-2　Python 的 for 陳述式

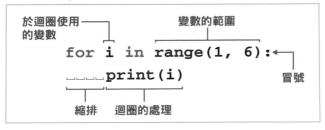

於迴圈使用
的變數

變數的範圍

```
for i in range(1, 6):
    print(i)
```

冒號

縮排　迴圈的處理

range() 命令可指定變數值的範圍。range() 的語法如下。

表 2-4-1　於 for 陳述式使用的 range() 命令

語法	意義
range(重複次數)	變數值從 0 開始，並讓迴圈依照指定的次數不斷重複執行
range(初始值 , 結束值)	變數值從初始值開始不斷遞增，直到結束值之前，不斷讓迴圈重複執行
range（初始值 , 結束值 , 增減幅度 [※]）	在變數值從初始值開始，依照增減幅度增減至結束值的前一個值之前，讓迴圈不斷地重複執行

※ 也可以指定為負數。

要注意的是，range() 的意思是指定範圍之內的每個數字。舉例來說，range(1, 5) 就是 1、2、3、4 這幾個數字，結束值的 5 不在其列。

≫≫ 使用 **for** 陳述式撰寫的程式

接著確認 for 陳述式的執行過程。一般來說，都會將迴圈的變數設定為 i，這個程式也設定為 i。

程式 2-4-1 ▶ for_1.py

```
1  for i in range(10):
2      print(i)
```

迴圈 i 會從 0 開始重複執行 10 次
輸出 i 的值

圖 2-4-3　執行結果

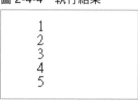

在 i 的值從 0 開始遞增至 9 為止，會不斷地執行第 2 行的處理。
要注意的是，最後的值不是 range() 的參數的 10。

>>> 了解 range() 的範圍

接著確認以 range(初始值 , 結束值) 指定的迴圈。一起了解 range() 的參數的範圍吧。

程式 2-4-2 ▶ for_2.py

```
1  for i in range(1, 6):
2      print(i)
```
迴圈 i 從 1 開始遞增至 5 為止
輸出 i 值

圖 2-4-4　執行結果

```
1
2
3
4
5
```

變數的最後一個值為結束值的前一個值，所以這個程式不會輸出「6」。

接著讓我們確認「range (初始值 , 結束值 , 增減幅度)」這種讓值依照一定幅度增減的迴圈。

程式 2-4-3 ▶ for_3.py

```
1  for i in range(12, 5, -1):
2      print(i)
```
迴圈 i 從 12 開始遞減至 6
輸出 i 值

圖 2-4-5　執行結果

```
12
11
10
9
8
7
6
```

以 range(12, 5, -1) 指定範圍之後，變數值會從 12 開始遞減至 6，也就是結束值的前一個值，並且重複輸出變數的值。

接著要教很有趣的 for 迴圈語法。請試著執行下列的程式。

```
for i in "Python":
    print(i)
```

咦？這種寫法的話…
啊，會依序輸出 p、y、t、h、o、n 這幾個文字耶。

Python 的 for 可將範圍指定為字串，然後從字串依序取得每個文字。這算是冷知識的一種喲。

》》》 break 與 continue

break 命令可中止迴圈，**continue** 命令可回到迴圈的開頭。

接著依序說明 break 與 continue 的使用方法。break 與 continue 通常會與 if 搭配使用。

程式 2-4-4 ▶ for_break.py

```
1  for i in range(10):
2      if i == 5:
3          break
4      print(i)
```

迴圈 i 從 0 開始，重複執行 10 次
假設 i 的值為 5
利用 break 命令離開迴圈
輸出 i 的值

圖 2-4-6　執行結果

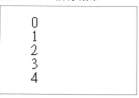

第 1 行程式碼將迴圈範圍設定為 range(10)，讓迴圈重複執行 10 次。不過，卻利用第 2 行程式碼的條件式在 i 的值為 5 時，利用 if 陳述式的 break 命令中斷迴圈，所以不會輸出大於等於 5 的數字。

程式 2-4-5 ▶ for_continue.py

```
1   for i in range(10):          迴圈 i 從 0 開始，重複執行 10 次
2       if i < 5:                假設 i 的值小於 5
3           continue             利用 continue 回到迴圈的開頭
4       print(i)                 輸出 i 的值
```

圖 2-4-7　執行結果

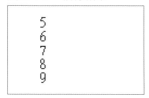

雖然這個程式也將迴圈的執行次數設定為 10 次，卻利用 2 ～ 3 行的 if 陳述式以及 continue，在 i 值小於 5 的時候回到迴圈的開頭，所以只要 i 還小於 5，就不會執行第 4 行的處理，等到 i 大於等於 5，才會跳過 continue，執行 print(i) 這行程式碼。

⟫⟫ 利用 while 重複執行處理

接著說明 **while** 迴圈。while 迴圈的處理流程如下。

圖 2-4-8　while 迴圈

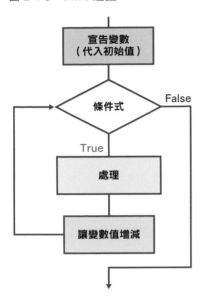

Python 的 while 陳述式如下。

圖 2-4-9　Python 的 while 陳述式

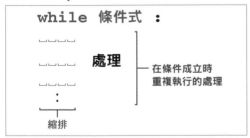

接著利用下列的程式確認 while 的處理流程。於迴圈使用的變數會在 while 之前宣告。

程式 2-4-6 ▶ while_1.py

```
1    n = 1
2    while n <= 128:
3        print(n, "→", end=" ")
4        n *= 2
```

將初始值 1 代入迴圈的變數 n
將 while 的條件式設定為 n<=128，再重複執行處理
輸出 n 值
將 n 值乘以 2 倍，再代入 n

※ 第 4 行的 n*=2 與 n = n*2 的意思相同。

圖 2-4-10　執行結果

```
1 → 2 → 4 → 8 → 16 → 32 → 64 → 128 →
```

這個程式在第 1 行宣告了要於 while 陳述式處理使用的變數 n，第 2 行的條件式則設定為 n 小於等於 128，以及重複執行第 3 ～ 4 行的處理。

print() 命令可指定多個參數。在這個程式之中，輸出了 n 值與「→」，以及利用 **end=" "** 將最後輸出的內容設定為半形空白字元，讓所有的數字不換行，水平並列輸出。

 若不希望 print() 輸出的字串或數字換行，可使用 end= 的設定。這個設定很適合在輸出大量資料時使用，請大家務必先記下來喲。

>>> while True 的迴圈

寫成 **while True** 之後，條件式將永遠成立，也將不斷地執行處理。
接著透過下列的程式確認 while True 的處理流程。

程式 2-4-7 ▶ while_2.py

```
1  while True:                       將 while 的條件式設定為 True，讓迴圈永遠執行
2      s = input("請輸入字串 ")       將輸入的字串代入變數 s
3      print(s)                       輸出 s 的值
4      if s=="" or s=="end":          不輸入或是輸入 end 的話
5          break                      脫離 while 迴圈
```

圖 2-4-11　執行結果

```
請輸入字串 Python
Python
請輸入字串 程式設計
程式設計
請輸入字串 演算法
演算法
請輸入字串 end
end
```

這個程式會不斷地輸出使用者輸入的字串。如果不輸入任何字串就按下 Enter（ return ）鍵，或是輸入 end，就會利用第 4 ～ 5 行的 if 與 break 脫離迴圈，結束迴圈的處理。

>>> 強制中止程式

如果因為寫錯程式導致程式不斷執行，在 Windows 電腦的環境下可按下 Ctrl + C 鍵強制結束程式，Mac 環境則可按下 control + C 鍵。請試著再次執行這個程式，並且試著以 Ctrl + C 鍵中斷程式。

圖 2-4-12　於 Mac 中斷程式的範例

```
================ RESTART: /Users/th_macbookair/Desktop/test.py ================
.........................................................
.........Traceback (most recent call last):
  File "/Users/th_macbookair/Desktop/test.py", line 2, in <module>
    print(".", end="")
KeyboardInterrupt
>>>
```

> 這種持續執行相同處理的迴圈就是所謂的無限迴圈。雖然不小心寫錯程式造成的無限迴圈不能使用，但務必記得中斷這種迴圈的方法喲。

> 了解了。

COLUMN

for 的多重迴圈

可在 for 陳述式植入另一個 for 陳述式，而這種情況稱為**巢狀結構的 for 迴圈**，或是將 **for 迴圈寫成巢狀結構**。

for 陳述式可容納無限多個 for 陳述式，所以要將 for 寫成 3 或 4 層的巢狀結構也沒問題，而這種巢狀結構也稱為 for 的**多重迴圈**，最常使用的就是在 for 陳述式另外植入 for 陳述式的**雙重迴圈**。

圖 2-C-1　for 的雙重迴圈

接續下一頁

可利用多重迴圈執行各種迴圈處理。
例如下列就是以雙重 for 迴圈輸出九九乘法表的程式。

程式 2-C-1 ▶ kuku.py

```
1   for y in range(1, 4):                    讓迴圈 y 從 1 遞增至 3
2       print("---", y, "的部分 ---")         輸出分隔線與「○的部分」
3       for x in range(1, 10):               迴圈 x 從 1 遞增至 9
4           print(y, "×", x, "＝", y*x)       輸出 y×x = y*x 的值
```

圖 2-C-2　執行結果

```
    --- 1 的部分 ---
    1 × 1 ＝ 1
    1 × 2 ＝ 2
    1 × 3 ＝ 3
    1 × 4 ＝ 4
    1 × 5 ＝ 5
    1 × 6 ＝ 6
    1 × 7 ＝ 7
    1 × 8 ＝ 8
    1 × 9 ＝ 9
    --- 2 的部分 ---
    2 × 1 ＝ 2
    2 × 2 ＝ 4
    2 × 3 ＝ 6
    2 × 4 ＝ 8
    2 × 5 ＝ 10
    2 × 6 ＝ 12
    2 × 7 ＝ 14
    2 × 8 ＝ 16
    2 × 9 ＝ 18
    --- 3 的部分 ---
    3 × 1 ＝ 3
    3 × 2 ＝ 6
    3 × 3 ＝ 9
    3 × 4 ＝ 12
    3 × 5 ＝ 15
    3 × 6 ＝ 18
    3 × 7 ＝ 21
    3 × 8 ＝ 24
    3 × 9 ＝ 27
```

這個程式讓第 1 行的 y 值從 1 開始遞增。當 y 為 1 時，x 會依照 1 → 2 →
3 → 4 → 5 → 6 → 7 → 8 → 9 的順序不斷遞增，並且利用第 4 行的 print() 命令輸
出 1 的九九乘法表。
接著 y 的值會遞增為 2，然後 x 又再次依照 1 → 2 → 3 → 4 → 5 → 6 → 7 → 8 → 9
的順序不斷遞增，輸出 2 的九九乘法表。同理可證，y 的值會遞增為 3，然後輸出
3 的九九乘法表，所有的迴圈也跟著結束。

Lesson 2-5　函數

函數就是由電腦執行的一連串獨立而完整的處理。如果是需要一再進行的處理，就能將這個處理定義為函數，這麼一來，就不用一直撰寫相同的處理，程式也會變得比較簡單易懂。

》》》 函數的概念

函數具有以**參數**賦予資料，在函數內部加工該資料，再將加工之後的值當成**傳回值**傳回。大致的流程可參考下列的示意圖。

圖 2-5-1　函數的示意圖

定義函數時，不一定需要定義參數與傳回值，在此以表格整理有無參數與傳回值的情況。

表 2-5-1　參數與傳回值的有無

	無參數	有參數
無傳回值	①	②
有傳回值	③	④

從有無參數與傳回值的分類來看，函數共有四種。

》》》 定義函數

Python 是利用 **def** 定義函數。

圖 2-5-2　Python 定義函數的方式

函數名稱的後面要加上 ()。函數的處理與 if 或 for 一樣，寫在縮排的區塊之中。

》》》 沒有參數與傳回值的函數

讓我們一起了解沒有參數與傳回值的簡單函數。

程式 2-5-1 ▶ function_1.py

```
1  def hello():
2      print("你好")
3
4  hello()
```

定義 hello() 函數
以 print() 輸出字串

呼叫剛剛定義的函數

※ 為了標記第 4 行是函數的處理內容，所以特地空出第 3 行。

圖 2-5-3　執行結果

```
你好
```

函數名稱的命名規則與變數名稱（參考第 40 頁）一樣。上述的程式在第 1 ～ 2 行定義了 hello() 函數，並在第 4 行呼叫了 hello()。**除了定義函數之外，還要呼叫函數才能執行函數。**

這個程式如果只有 1 ～ 2 行的程式是不會執行任何處理的。試著刪除第 4 行的程式，或是將第 4 行寫成 #hello()，轉換成註解，就會發現這個程式不會執行任何處理。

》》》 有參數沒有傳回值的函數

接著一起了解有參數、沒有傳回值的函數。要讓函數有參數的時候，可在函數名稱的
() 之內撰寫作為參數的變數。

程式 2-5-2 ▶ function_2.py

```
1  def even_or_odd(n):          定義 even_or_odd() 函數
2      if n%2==0:               如果參數 n 的值能以「2」除盡
3          print(n, "是偶數")    輸出「n 是偶數」
4      else:                    否則
5          print(n, "是奇數")    輸出「n 是奇數」
6
7  even_or_odd(2)               賦予參數與呼叫函數
8  even_or_odd(7)               賦予參數與呼叫函數
```

圖 2-5-4　執行結果

```
2 是偶數
7 是奇數
```

第 1～5 行的程式碼定義了判斷參數值為偶數或奇數的函數。第 2 行的 if 陳述式則利
用求得餘數的運算子「%」確認參數值是否能以 2 整除。

實際驅動這個函數的是第 7 行與第 8 行的程式。由於是有參數的函數，所以先給予參
數再呼叫函數。

這個程式呼叫了兩次函數耶。

對啊，只要完成函數的定義，
之後就能不斷呼叫相同的函數。

》》》 有參數與傳回值的函數

要讓函數有傳回值，可在函數的區塊撰寫 **return** 傳回值。傳回值就是變數名稱、算式
或是 True、False 這類值。**假設將傳回值寫成變數名稱，就會傳回變數的值，如果寫
成算式，就會傳回算式的計算結果。**

接下來要定義以參數指定長方形的寬與高，再傳回面積的函數。讓我們一邊執行這個
函數，一邊了解參數與傳回值。

圖 2-5-5 長方形的面積

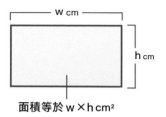

面積等於 w × h cm²

程式 2-5-3 ▶ function_3.py

1	`def area_rect(w, h):`	定義 area_rect() 函數
2	`    return w * h`	將參數 w 與 h 相乘之後的值當成傳回值傳回
3		
4	`a = area_rect(20, 10)`	將函數算出的 20×10 的長方形面積代入 a
5	`print("寬20cm,高10cm的長方形面積為",` `a, "cm2")`	利用 print() 輸出 a 的值
6	`print("寬12cm,高30cm的長方形面積為",` `area_rect(12,30), "cm2")`	在 print 的參數撰寫 area_rect()，輸出 12×30 的長方形面積

圖 2-5-6 執行結果

```
寬20cm,高10cm的長方形面積為 200 cm2
寬12cm,高30cm長方形面積為 360 cm2
```

於第 1 ～ 2 行程式碼定義的 area_rect() 函數會以參數接受寬與高,再將求得的面積當成傳回值傳回。

於第 4 行程式碼將參數指定給這個函數,再將傳回值代入變數 a,然後於第 5 行程式碼輸出 a 的值。以 a=area_rect(20,10) 將函數的傳回值代入變數的流程如下。

圖 2-5-7 將傳回值代入變數

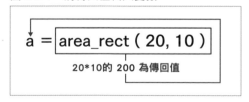

a = area_rect (20, 10)

20*10的 200 為傳回值

第 6 行的程式碼將剛剛定義的函數寫在 print 的 () 之中。如此一來,就可以直接使用函數的傳回值,不用另外將函數的傳回值代入變數。

在程式設計的世界裡,長方形又被稱為矩形。
矩形的英文單字為 rectangle,有時會簡稱為 rect。

變數的有效範圍

變數分成全域變數與區域變數,兩者各有不同的有效範圍。定義函數時,必須知道變數的有效範圍,所以在此說明。

- 全域函數就是在函數外部宣告的變數
- 區域變數就是在函數內部宣告的變數

變數的有效範圍在英文稱為 **scope**,下列是全域變數與區域變數的有效範圍示意圖。

圖 2-5-8　變數的有效範圍

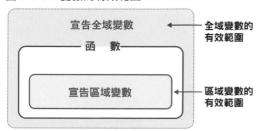

全域變數可在程式的任何位置使用,區域變數則只能在宣告的函數之內使用。
在 if 或 for 區塊之內宣告的變數也是區域變數,所以只能在宣告它們的區塊之內使用。

 一定要記得變數只能在宣告它們的區塊之內使用喲。

使用 global 宣告

若要變更函數之內的全域變數的值,必須在該函數之內,以 **global** 宣告該變數的名稱。

圖 2-5-9　global 宣告

讓我們透過下列的程式確認變數的有效範圍與 global 的使用方法。第 1 行的 total 為全域變數，第 4 行的 loops 為區域變數。

程式 2-5-4 ▶ global_local.py

```
1  total = 0                              宣告 total 變數與代入初始值的 0
2  def kasan():                           定義 kasan() 函數
3      global total                       將 total 宣告為全域變數
4      loops = 11                         將 11 代入 loops 這個區域變數
5      for i in range(loops):             讓 for 迴圈執行 loops 次
6          total += i                     將 i 的值加總至 total，再代入 total
7
8  print("total的初始值 ", total)          輸出 total 的初始值
9  kasan()                                呼叫 kasan()
10 print("執行函數之後的total的值", total)   輸出執行函數之後的 total 的值
```

圖 2-5-10　執行結果

```
total的初始值  0
執行函數之後的total的值 55
```

於第 1 行程式碼以及函數外側宣告的 total 為全域變數。由於要在函數內部變更這個變數的值，所在在第 3 行程式碼以 **global** total 進行全域宣告。

第 4 行的 loops 是於函數內部宣告的區域變數。loops 只能在這個函數之內使用。

執行 kasan() 函數之後，就會以第 5 ～ 6 行的 for 迴圈執行 0+1+2+3+4+5+6+7+8+9+ 10 的計算，total 的值也會變成 55。

於第 8 行輸出 total 的值，並於第 9 行呼叫 kasan()，然後再於第 10 行輸出 total 的值。由於執行 kasan() 之後，total 會變成 55，所以第 10 行會輸出這個結果。

將需要多次執行的處理寫成函數，程式碼就會變得更精簡喲，也就更不會出錯了。

原來如此，我知道定義函數有多麼重要了。

Lesson 2-6　陣列（列表）

陣列就是帶有編號的變數，可用來統一管理多筆資料。Python 除了陣列之外，還內建了比陣列更能靈活管理資料的列表。

⟫⟫⟫ 關於陣列與列表

嚴格來說，陣列與列表是不同的東西，但將本書提及的列表視為 C 語言或其他語言的陣列也無妨。剛開始學習演算法的讀者、或是已經在其他程式設計語言學過陣列的讀者，不需要特別區分陣列與列表，把這兩種當成一樣的東西即可。

⟫⟫⟫ 了解列表

接下來要配合 Python 的用語，利用「列表」這個詞來說明。

列表就是替變數加上編號，再管理資料的功能。下列是列表的示意圖。

圖 2-6-1　列表的示意圖

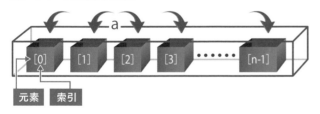

在這張示意圖之中，名為「a」的箱子有 n 個，而這個 a 就是列表。從 a[0] ～ a[n-1] 的每個箱子都是**元素**，而箱子的總數稱為**元素數**。舉例來說，有 10 個箱子的話，該列表的元素數就為 10。

管理箱子的編號稱為**索引值**。索引從 0 開始，所以箱子若有 n 個，最後的索引值就會是 n-1。

列表的元素編號從 [0] 開始，所以箱子若有 10 個，最後的編號就會是 [9]。

››› 宣告列表

列表可利用下列的語法宣告以及代入初始值。只要完成宣告，之後就能以箱子 [0]、箱子 [1]、箱子 [2] 的語法使用。

圖 2-6-2　將初始值代入列表

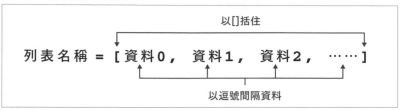

Python 除了可利用上述的語法宣告列表，還能以列表名稱 = [] 的方式建立空白的列表，再以 append() 命令追加元素。這個方法會在開發遊戲的時候從頭説明。

››› 操作多筆資料

接著要了解以列表操作多筆資料的程式。下列的程式宣告了 item 與 price 這兩個列表。列表名稱的命名規則與變數名稱相同。

程式 2-6-1 ▶ array_1.py

```
1  item = [" 藥草", "解毒", "火把", "短劍", "木盾"]
2  price = [10, 20, 40, 200, 120]
3  for i in range(5):
4      print(item[i], "的價格是", price[i])
```

宣告列表 item 再代入字串
宣告列表 price 再代入數字
迴圈 i 從 0 至 4 執行 5 次
輸出 item[i] 與 price[i] 的值

圖 2-6-3　執行結果

```
藥草 的價格是 10
解毒 的價格是 20
火把 的價格是 40
短劍 的價格是 200
木盾 的價格是 120
```

於第 1 ～ 2 行定義的資料在第 3 ～ 4 行的 for 與 print() 輸出。

列表常與 for 搭配使用，所以請透過上述的程式掌握這種使用方法。

二維列表

array_1.py 的 item 與 price 都是一維列表,但其實可宣告多維列表。接著說明最常使用的二維列表。

二維列表是利用索引值管理垂直與水平的資料,各元素的索引值可參考下圖。

圖 2-6-4　二維列表的示意圖

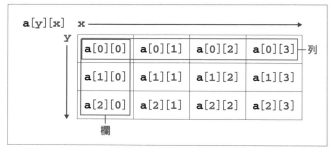

二維列表的水平資料稱為**列**,垂直資料稱為**欄**。

宣告二維列表

Python 可透過下列的語法宣告二維列表再代入初始值。

圖 2-6-5　宣告二維列表的範例

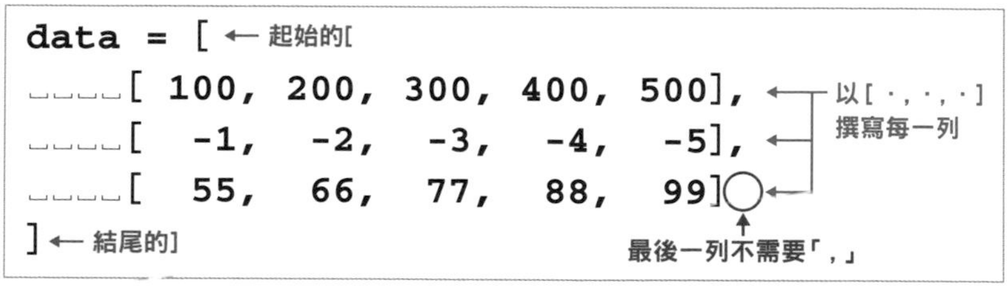

```
data = [  ← 起始的[
    [ 100, 200, 300, 400, 500],  ← 以 [ ·, ·, · ]
    [  -1,  -2,  -3,  -4,  -5],   撰寫每一列
    [  55,  66,  77,  88,  99]○
]  ← 結尾的]        最後一列不需要「,」
```

使用二維列表撰寫的程式

接著確認使用二維列表撰寫的程式。

程式 2-6-2 ▶ array_2.py

```
1  data = [                          將初始值代入 data 這個二維列表
2      [100, 200, 300, 400, 500],    第 1 列的初始值
3      [ -1,  -2,  -3,  -4,  -5],     第 2 列的初始值
4      [ 55,  66,  77,  88,  99]      第 3 列的初始值
5  ]
6  print(data[0][0])                 輸出 data[0][0] 的值
7  print(data[1][1])                 輸出 data[1][1] 的值
8  print(data[2][4])                 輸出 data[2][4] 的值
```

圖 2-6-6　執行結果

```
100
-2
99
```

在第 1 ～ 5 行的程式碼將初始值代入二維列表，再於第 6 ～ 8 行輸出三個元素的值。
這個程式雖然不難，但一開始可能會不知道列表名稱 [y][x] 的 y 與 x 的箱子之中，放
了哪些資料。
請對照**圖 2-6-4** 與程式，了解索引值的編號。

二維列表算是一個難關吧。

真的，我知道一維列表是怎麼一回事，但變成二維列表
之後，我就搞不清楚兩個索引值分別代表哪個元素了。

雖然久了就會習慣，不過，如果你很常使用 Excel 的話，不妨回想一下
表格垂直方向的 1、2、3 這些數字、以及水平方向的 A、B、C 這些英文
字母，再試著思考 [y][x] 的 y 與 x 分別代表哪個元素，圖 2-6-4 也很像是
學校的置物櫃或是便鞋箱，稍微想像一下，應該就不難理解了。

原來如此，二維列表不是前所未有的知識，而是像表格或置物
櫃一樣的東西，電腦內建了這類便於管理資料或物件的機制呢。

你的觀察力真的很敏銳啊，就趁著這股氣勢繼續學吧。要注意的是，
列表的索引值是從「0」開始喲。從下一章開始，總算要開發遊戲了。

我期待開發遊戲很久了！

Python的資料類型

變數或列表的資料類型是指箱子處理的是哪種類型的資料。有時資料類型也只稱為類型而已。

要學會程式設計就必須了解資料類型。這個專欄將為大家說明 Python 的資料類型。

Python 共有下列這些資料類型。

表 2-C-1　資料類型

資料的類型	類型的名稱	值的範例
數	整數類型（int 類型）	-123　0　50000
	小數類型（float 類型）※	-5.5　3.14　10.0
字串	字串類型（string 類型）	Python　演算法
邏輯值	邏輯類型（bool 類型）	True 與 False

※ 嚴格來說，要稱為浮點數類型。

舉例來說，寫成 a = 10 的話，a 就是整數類型的變數，寫成 b = 10.0 的話，b 就是小數類型的變數。如果寫成 c = a + b 的話，c 會是 20.0，所以是小數類型的值。

邏輯值只有 True（真）與 False（假）這兩種。前面在學習 if 陳述式的時候，已經提到條件式成立的時候為 True，不成立的時候為 False，但其實可將 True 或 False 代入變數。

Python 除了上述的類型之外，還有字典類型（dictionary），但本書不會用到這種類型，所以不予贅述。

試著使用 type() 命令

Python 可利用 **type()** 函數取得變數的資料類型。
一起透過下列的程式進一步了解資料類型。

程式 2-C-2 ▶ data_type.py

```
1   a = 10                    將整數代入變數 a
2   print(a, type(a))         輸出 a 的值與 a 的類型
3   b = 10.0                  將小數代入變數 b
4   print(b, type(b))         輸出 b 的值與 b 的類型
5   c = a + b                 將 a+b 的值代入變數 c
6   print(c, type(c))         輸出 c 的值與 c 的類型
7   s = "Python"              將字串代入變數 s
8   print(s, type(s))         輸出 s 的值與 s 的類型
9   x = True                  將 True 代入變數 x
10  print(x, type(x))         輸出 x 的值與 x 的類型
11  y = False                 將 False 代入變數 y
12  print(y, type(y))         輸出 y 的值與 y 的類型
```

接續下一頁

Chapter 2

程式設計的基礎知識

圖 2-C-3　執行結果

```
10 <class 'int'>
10.0 <class 'float'>
20.0 <class 'float'>
Python <class 'str'>
True <class 'bool'>
False <class 'bool'>
```

10 雖然是整數，但寫成 10.0 就變成小數。此外，寫成 "10" 的話，就變成字串。
許多程式設計語言都有這個規則，還請大家先記起來喲。

本章要製作在 IDLE 玩的迷你遊戲，帶著大家熟悉程式設計的流程，同時學習初階的演算法。

開發迷你遊戲

Chapter

Lesson 3-1　CUI 與 GUI

本章要開發在 CUI 工具「IDLE」執行的迷你遊戲。一開始先說明 CUI 與 GUI。

》》 什麼是 CUI 與 GUI？

CUI 是「**Character User Interface**」的縮寫，意思是只透過文字的輸出與輸入控制電腦這類計算機。Python 的 IDLE、Windows 的命令提示字元與 Mac 終端機都是 CUI 軟體。

圖 3-1-1　CUI 的範例

GUI 是「Graphical User Interface」的縮寫，意思是在電腦螢幕配置按鈕或文字方塊的介面。

大多數的電腦軟體或是智慧型手機 App 都是 GUI 介面。GUI 的軟體或應用程式可利用滑鼠或點擊的方式選取項目，也能按壓按鈕。需要輸入文字或數字時，可使用鍵盤或虛擬鍵盤（在畫面之中的鍵盤）。第 4 章會進一步說明 GUI。

本章會開發一個在 CUI 執行的迷你遊戲，下一章則要學習在螢幕顯示視窗，開發 GUI 軟體的方法。

第一步是開發在IDLE玩的迷你遊戲。
第一次開發遊戲，讓人好興奮啊！

Lesson 3-2　亂數的使用方法

亂數就像是丟骰子不知道會丟出幾點的數字。在開發遊戲時，常常會用到亂數，所以在開始撰寫遊戲程式之前，先説明在 Python 產生亂數的方法。

》》》 關於模式

由於亂數是利用 random 這個模組產生，所以要先説明**模組**。在前一章，我們學習了變數、列表的使用方法，也學到了條件分歧或迴圈這類命令。變數或電腦執行基本處理的命令都不需額外準備就能使用。

另一方面，要產生亂數或是利用三角函數進行高階運算時，就會使用 Python 內建的模組。

圖 3-2-1　Python 的模組

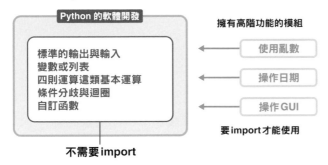

Python 內建了各式各樣的模組，只要透過「import」這個指令匯入必要的模組，就能使用該模組的功能。

本書會使用下列的模組開發遊戲。

表 3-2-1　本書使用的模組

模組名稱	主要功能
random 模組	產生亂數
time 模組	取得日期與時間，測量時間
tkinter 模組	顯示視窗，配置 GUI 元件
tkinter.messagebox 模組	顯示訊息框

除了上述這些模組之外，還會説明 datetime 模組或 calendar 模組的使用方法。

>>> random 模組的使用方法

要使用亂數就要載入 random 模組與撰寫產生亂數的命令。

接下來透過下列的程式了解模組的使用方法與產生亂數的方法。

這個程式會連續輸出 10 次 1 到 6 的某個數字。

程式 3-2-1 ▶ rand_1.py

```
1  import random                    載入 random 模組
2  for i in range(10):              執行 10 次迴圈
3      r = random.randint(1, 6)     將 1 ～ 6 的亂數代入變數 r
4      print(r)                     輸出變數 r 的值
```

圖 3-2-2　執行結果

```
4
3
6
5
4
6
2
3
6
2
```

要使用模組就要仿照第 1 行程式的 **import 模組名稱**。

要使用模組的命令（函數）可仿照第 3 行的**模組名稱.該模組名稱的函數名稱**這種語法。在這個程式之中，是以 randint() 函數指定亂數的最小值與最大值，再產生亂數。

 這個程式很像是讓電腦丟 10 次六面骰子的感覺？

 沒錯，不過，電腦產生的亂數與丟骰子那種亂數不同，是經過計算產生的「模擬亂數」。也有產生亂數的演算法喲，不妨先記住這個小知識。

 原來如此。莉香前輩真的懂很多電腦知識耶，理科女子果然很酷。

這讚美聽起來還挺舒服的。
你在學完本書之後，應該也會學到很多知識才對。

了解了，我會加油的！

》》》 產生亂數的命令

Python 內建了下列這些產生亂數的命令。

表 3-2-2　產生亂數的命令

亂數種類	範例	意義
小數的亂數	r=random.random()	將大於等於 0，小於 1 的小數的亂數代入 r
整數的亂數	r=random.randint(1,6)	將 1 到 6 的某個整數代入 r
整數的亂數 2	r=random.randrange(10,20,2)[1]	將 10、12、14、16、18 的其中一個數字代入 r
從多個項目隨機選取	r=random.choice([7,8,9])[2]	將 7、8、9 的其中一個數字代入 r

※1 randrange(start,stop,step) 產生的亂數會介於 start 小於 stop。不會出現 stop 的值。
※2 項目可以無限多個。可依照 choice(["字串 0","字串 1","字串 2"]) 的語法輸入字串，再從中選取某個字串。

COLUMN

抽籤程式

在此介紹以 random.choice() 撰寫的「抽籤」程式。

程式 3-C-1 ▶ omikuji.py

```
1  import random                          載入 random 模組
2  KUJI = ["大大吉", "大吉", "中吉         利用列表定義籤的內容
", "小吉", "凶"]
3  input("請抽籤([Enter]鍵)")            顯示說明，等待使用者輸入 Enter 鍵
4  print(random.choice(KUJI))            隨機輸出字串
```

圖 3-C-1　執行結果

```
請抽籤([Enter]鍵)
中吉
```

執行這個程式之後，會顯示「請抽籤（[Enter] 鍵）」。一旦按下 Enter 鍵，就會以
第 4 行的 choice() 命令輸出於第 2 行程式碼定義的某個字串。第 3 行的 input()
是為了等待使用者按下 Enter 鍵而使用的命令。

製作單字輸入遊戲

總算要開始製作迷你遊戲了。第一個迷你遊戲是「單字輸入遊戲」。先從熟悉十幾行的程式開始學習，一步步邁向終點吧。

>>> 該開發什麼遊戲？

圖 3-3-1　就像是單字卡的遊戲

這次的迷你遊戲是以手寫單字卡為範本。遊戲的內容是輸出蘋果、書籍、貓咪這類中文，所以要輸入 apple、book、cat 這類對應的英文單字。之後會根據單字是否正確計算分數，如果輸入錯誤就會顯示正確的英文單字。

>>> 透過這個遊戲學習的演算法

開發這個遊戲時，會學到「比較兩個字串，判斷字串是否相同」與「利用列表定義與使用多筆資料」這兩個方法。開發流程會分成三個階段。

第一階段 比較字串

一開始讓我們先撰寫比較兩個字串的程式。
請輸入下列的程式，並且命名與儲存程式，再執行與確認執行結果。

程式 3-3-1 ▶ word_game_1.py

```
1  s = input("請輸入貓咪的英文單字　")
2  if s == "cat":
3      print("正確解答")
4  else:
5      print("貓咪的英文單字是cat喲")
```

利用 input() 輸入字串後，將字串代入變數 s
假設 s 的值為 cat
就輸出「正確解答」
如果不是 cat
就輸出「貓咪的英文單字是 cat 喲」

圖 3-3-2　執行結果

```
請輸入貓咪的英文單字 dog
貓咪的英文單字是cat喲
```

第 1 行的程式將透過 input() 命令輸入的字串代入變數 s，再利用第 2 ～ 5 行的 if else 條件式確認 s 的值是否為 cat，假設是 cat 就顯示「正確解答」，否則就輸出「貓咪的英文單字是 cat 喲」。

這個程式用到了在第 2 章學到的條件分歧耶！

是的，第 2 章的知識非常重要，如果之後遇到不懂的地方，記得複習第 2 章的內容喲！

了解了，我會這麼做的。

第二階段 利用列表定義字串

第二階段要利用列表（陣列）定義多個單字。要完成遊戲的時候，會加入第一階段比較字串的處理，但這個程式會先排除比較字串的部分。

接著確認下面這個程式的內容。

程式 3-3-2 ► word_game_2.py

```
1  chinese = ["蘋果", "書籍", "貓咪", "狗狗", "雞蛋", "魚", "女
   孩子"]
2  english = ["apple", "book", "cat", "dog", "egg", "fish",
   "girl"]
3  n = len(chinese)
4  for i in range(n):
5      print(chinese[i], "是", english[i])
```

利用列表定義中文單字

利用列表定義英文單字

將 chinese 的元素數量代入 n
迴圈　讓 i 從 0 遞增至 n-1
輸出中文與英文單字

圖 3-3-3　執行結果

```
蘋果 是 apple
書籍 是 book
貓咪 是 cat
狗狗 是 dog
雞蛋 是 egg
魚 是 fish
女孩子 是 girl
```

這個程式是將多個中文放入列表「chinese」，以及將多個英文單字放入列表「english」。第 3 行的 **len()** 是取得列表元素數量的命令。chinese 定義了 7 個單字，所以元素數量為 7，len(chinese) 也會傳回 7，之後再將這個 7 代入變數 n。
第 4 ～ 5 行的 for 迴圈會依序輸出在 chinese 與 english 定義的單字。

將第一階段學到的比較字串處理與第二階段的列表定義資料處理合併，單字輸入遊戲就完成了。請確認下列完成版程式的內容。

程式 3-3-3 ▶ word_game_3.py

1	`chinese = ["蘋果", "書籍", "貓咪", "狗狗", "雞蛋", "魚", "女孩子"]`	利用列表定義中文單字
2	`english = ["apple", "book", "cat", "dog", "egg", "fish", "girl"]`	利用列表定義英文單字
3	`n = len(chinese)`	將 chinese 的元素數量代入 n
4	`right = 0`	代入答對的題數的變數
5	`for i in range(n):`	迴圈 i 會從 0 遞增至 n-1
6	`    a = input(chinese[i]+"的英文單字是？ ")`	利用 input() 輸入字串，再將該字串代入 a
7	`    if a==english[i]:`	a 的值若是正確的英文單字
8	`        print("正確解答")`	輸出「正確解答」
9	`        right = right + 1`	答對的題數加 1
10	`    else:`	答錯的話
11	`        print("答錯了")`	輸出「答錯了」
12	`        print("正確解答是"+english[i])`	輸出正確解答
13	`print("遊戲結束")`	輸出「遊戲結束」
14	`print("答對的題數 ", right)`	輸出答對的題數
15	`print("答錯的題數", n-right)`	輸出答錯的題數

表 3-3-1　主要的列表與變數

chinese[]	定義中文單字
english[]	定義英文單字
n	有幾個單字
right	答對的題數

圖 3-3-4　執行結果

```
蘋果的英文單字是？ apple
正確解答
書籍的英文單字是？ book
正確解答
貓咪的英文單字是？ cat
正確解答
狗狗的英文單字是？ dog
正確解答
雞蛋的英文單字是？ egg
正確解答
魚的英文單字是？ fish
正確解答
女孩子的英文單字是？ boy
答錯了
正確解答是girl
遊戲結束
答對的題數 6
答錯的題數 1
```

在第 3 行程式碼以 len() 代入的 n 值是這個遊戲的題目數量。

第 5 ～ 12 行的 for 與 if else 的處理會逐次輸出中文，如果以 input() 輸入的英文單字為正確解答，right 的值就會遞增 1。

迴圈結束後，輸出 right 的值，告知玩家答對的題數，再輸出 n-right 的值，告知玩家答錯的題數。由於 n 代表的是題目的數量，所以「n（題目數量）－ right（正確解答數量）」就會是答錯的題數。

完成遊戲了，好感動啊！

雖然只是適合程式設計初學者學習的迷你遊戲，但你好像很開心。

對啊！開發遊戲的第一步就讓我很滿足了。
完成一個遊戲之後，也會更有信心。
我們繼續開發下一個遊戲吧！

這種上進心真是太棒了！下一個是猜拳遊戲。

開發猜拳遊戲

第二個要開發的遊戲是猜拳遊戲。會利用亂數讓電腦決定出石頭、剪刀還是布。讓我們一起學習亂數的使用方法吧！

>>> 要做成什麼樣的遊戲？

玩家利用數字輸入石頭（0）、剪刀（1）、布（2），與電腦猜拳。電腦出什麼會以亂數決定。猜完三次之後分出勝負。

圖 3-4-1　與電腦猜拳的遊戲

>>> 開發這個遊戲學到的演算法

這個遊戲的學習重點在於「亂數的使用方法」以及「撰寫判斷猜拳勝負的程式」。
這個遊戲一樣會分成三個階段開發，最後再完成整個遊戲。

第一階段 隨機決定電腦出拳種類

第一步是讓電腦從「石頭」、「剪刀」與「布」之中選一個出拳。
請輸入下列的程式，並且命名與儲存程式，再執行與確認執行結果。

程式 3-4-1 ▶ janken_game_1.py

```
1   import random                          載入 random 模組
2   hand = ["石頭", "剪刀", "布"]           利用列表定義猜拳的字串
3
4   for i in range(3):                      迴圈　重複三次
5       print("\n", i+1, "回合")            輸出「〇回合」
6       c = random.randint(0, 2)            隨機決定電腦出的拳
7       print("電腦出的是"+hand[c])         輸出電腦出的拳
```

圖 3-4-2　執行結果

```
1 回合
電腦出的是布

2 回合
電腦出的是石頭

3 回合
電腦出的是布
```

由於這次會使用亂數，所以在第 1 行載入 random 模組。

第 2 行程式碼則是利用列表定義石頭、剪刀、布這些字串。hand[0] 的值是石頭，
hand[1] 是剪刀，hand[2] 是布。在這個遊戲之中，是以石頭為 0、剪刀為 1、布為 2
的數字管理這三種拳。

第 4～7 行的程式碼則是利用 for 迴圈重複執行三次處理。這個處理的內容會在第 5 行
程式碼輸出「〇回合」，再於第 6 行程式碼將 0、1、2 其中一個數字代入變數 c，最後
再於第 7 行程式輸出 hand[c] 的內容。

■ 換行字元

第 5 行的 print() 的參數有「\n」這個字元。**\n** 被稱為**換行字元**，在 print() 命令使用
可讓字串換行。這次為了方便閱讀輸出結果，才使用了這個換行字元。

\ 與 ¥ 是同樣的符號，在 Windows 通常會顯示為 \，在 Mac 則是 ¥，不過，就算是在
Windows 的環境之下，有時也不會顯示 \，而是顯示 ¥。

舉例來說，輸入 print(" 你好。\n 今天天氣很好呢。")，
字串就會像下面的例子，在 \n 的位置換行。

你好。
今天天氣很好呢。

圖 3-4-3　石頭剪刀布的勝負

第二階段 判斷勝負

這次要撰寫的猜拳規則就是「石頭可以勝過剪刀，剪刀可以勝過布，而布可以勝過石頭」。

這次是以石頭為 0、剪刀為 1、布為 2 的數字管理出拳。若以這個數字判斷勝負，就會是 0（石頭）勝過 1（剪刀），1（剪刀）勝過 2（布），2（布）勝過 0（石頭）。

若以條件分歧的 if 呈現玩家出 0（石頭），電腦出 1（剪刀）的情況，可寫成「if 玩家出 0，電腦出 1，則玩家獲勝」的條件。

此外，還有「if 玩家出的拳與電腦一樣，則不分勝負」的條件。

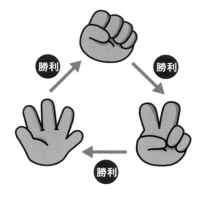

下列的程式會判斷所有出拳組合，再輸出玩家或電腦獲勝的結果。執行程式之後，會先顯示要求玩家出拳的訊息，此時請輸入 0、1、2 其中一個數字。待電腦隨機決定出拳之後，再判斷是玩家還是電腦獲勝。

程式 3-4-2 ▶ janken_game_2.py

```
 1  import random
 2  hand = ["石頭", "剪刀", "布"]
 3  print("跟電腦猜拳")
 4
 5  for i in range(3):
 6      print("\n", i+1, "回合的猜拳")
 7      y = input("你要出什麼？ \n0=石頭 1=剪刀 2=布")
 8      y = int(y)
 9      c = random.randint(0, 2)
10      print("電腦出的是"+hand[c])
11      if y==c:
12          print("平手")
13      if y == 0:
14          if c == 1:
15              print("你贏了")
16          if c == 2:
17              print("電腦贏了")
18      if y == 1:
19          if c == 0:
20              print("電腦贏了")
21          if c == 2:
22              print("你贏了")
23      if y == 2:
24          if c == 0:
25              print("你贏了")
26          if c == 1:
27              print("電腦贏了")
```

載入 random 模組
利用列表定義猜拳的字串
說明規則

迴圈　執行 3 次
輸出「○回合的猜拳」
以 input() 輸入字串後，將字串代入 y
將 y 的值轉換成數字
隨機決定電腦出的拳
輸出電腦出的拳
如果玩家與電腦出的拳一樣
輸出「平手」
玩家出石頭
電腦出剪刀時
輸出「你贏了」
電腦出布的話
輸出「電腦贏了」
玩家出剪刀
電腦出石頭時
輸出「電腦贏了」
電腦出布的話
輸出「你贏了」
玩家出布
電腦出石頭時
輸出「你贏了」
電腦出剪刀的話
輸出「電腦贏了」

圖 3-4-4　執行結果

```
跟電腦猜拳。

 1 回合的猜拳
你要出什麼？
0=石頭 1=剪刀 2=布 2
電腦出的是石頭
你贏了

 2 回合的猜拳
你要出什麼？
0=石頭 1=剪刀 2=布 1
電腦出的是剪刀
平手

 3 回合的猜拳
你要出什麼？
0=石頭 1=剪刀 2=布 0
電腦出的是石頭
平手
```

利用第 7 行的 input() 命令讓玩家輸入字串，再利用第 8 行的程式碼將字串轉換成數字。

在第 9 行以亂數決定電腦出的拳，再將結果代入變數 c。

y 與 c 的值會是 0、1、2，也就是石頭、剪刀與布。

第 11 ～ 27 行是比較 y 與 c 的值，再輸出勝負結果。當 y 與 c 的值相同，代表兩邊出的不是石頭、剪刀就是布，也就是「平手」，所以 if y==c 這個判斷只需要執行一次。

這個程式若是輸出數字以外的字串，或是什麼都不輸入就按下 Enter 鍵，就會發生錯誤而停止運作。

圖 3-4-5　程式發生錯誤與停止運作

```
跟電腦猜拳。

 1 回合的猜拳
你要出什麼？
0=石頭 1=剪刀 2=布 A
Traceback (most recent call last):
  File "D:\01碁峰\CG068\PyG_algorithm\Chapter3\janken_game_2.py", line 8, in <mo
dule>
    y = int(y)
ValueError: invalid literal for int() with base 10: 'A'
```

不管是遊戲還是其他軟體，都不可以發生這類錯誤，所以要另外撰寫「輸入 0、1、2 以外的內容，玩家就輸了」或是「禁止玩家輸入 0、1、2 以外的內容」這類處理。

這次撰寫的是讓玩家只能輸入 0、1、2 的處理，結束遊戲的開發。

將石頭、剪刀與布轉換成 0、1、2 這三個數字，是這個遊戲的重點對吧？

沒錯！
這類程式通常都會撰寫讓字串與數字互相對應的處理。
不過有時候會直接使用字串喔。

第三階段 完成猜拳遊戲

建立計算玩家與電腦獲勝次數的變數，完成猜拳遊戲。猜拳猜三次之後，獲勝次數較多的一方獲勝。在這個遊戲之中，平手也算猜拳一次。

一起了解下列完成版的程式內容。

程式 3-4-3 ▶ janken_game_3.py

```
1   import random
2   hand = ["石頭", "剪刀", "布"]
3   you_win = 0
4   com_win = 0
5   print("跟電腦猜拳♂")
6   print("猜三次拳，分出勝負。")
7
8   for i in range(3):
9       print("\n", i+1, "回合的猜拳")
10      y = ""
11      while True:
12          y = input("你要出什麼？\n0=石頭 1=剪刀 2=布")
13          if y=="0" or y=="1" or y=="2":
14              break
15      y = int(y)
16      c = random.randint(0, 2)
17      print("電腦出的是"+hand[c])
18      if y==c:
19          print("平手")
20      if y == 0:
21          if c == 1:
22              print("你贏了")
23              you_win = you_win+1
24          if c == 2:
25              print("電腦贏了")
26              com_win = com_win+1
27      if y == 1:
28          if c == 0:
29              print("電腦贏了")
30              com_win = com_win+1
31          if c == 2:
32              print("你贏了")
33              you_win = you_win+1
```

載入 random 模組
利用列表定義猜拳的字串
儲存玩家獲勝次數的變數
儲存電腦獲勝次數的變數
〕說明規則

迴圈 執行 3 次
輸出「○回合的猜拳」
宣告變數 y
以無限迴圈重複執行處理
以 input() 輸入字串後，將字串代入 y

玩家輸入 0、1、2 其中一個數字之後
利用 break 脫離無限迴圈
將 y 的值轉換成數字
隨機決定電腦出的拳
輸出電腦出的拳
如果玩家與電腦出的拳一樣
輸出「平手」
⎾玩家出石頭
⏐電腦出剪刀時
⏐輸出「你贏了」
⏐增加玩家獲勝的次數
⏐電腦出布的話
⏐輸出「電腦贏了」
⎿增加電腦獲勝的次數
⎾玩家出剪刀
⏐電腦出石頭時
⏐輸出「電腦贏了」
⏐增加電腦獲勝的次數
⏐電腦出布的話
⏐輸出「你贏了」
⎿增加玩家獲勝的次數

```
34    if y == 2:
35        if c == 0:
36            print("你贏了")
37            you_win = you_win+1
38        if c == 1:
39            print("電腦贏了")
40            com_win = com_win+1
41
42  print("--------------------")
43  print("你獲勝的次數", you_win)
44  print("電腦獲勝的次數 ", com_win)
45  if you_win>com_win:
46      print("你獲勝了！")
47  elif com_win>you_win:
48      print("電腦獲勝了！")
49  else:
50      print("平手")
```

玩家出布
電腦出石頭時
輸出「你贏了」
增加玩家獲勝的次數
電腦出剪刀的話
輸出「電腦贏了」
增加電腦獲勝的次數

輸出分隔線
輸出玩家獲勝的次數
輸出電腦獲勝的次數
假設 you_win 大於 com_win
輸出「你獲勝了！」
如果 com_win 大於 you_win
輸出「電腦獲勝了！」
否則
輸出「平手」

表 3-4-1　主要的列表與變數

hand[]	定義石頭、剪刀、布的字串
you_win	玩家獲勝的次數
com_win	電腦獲勝的次數

圖 3-4-6　執行結果

```
跟電腦猜拳。
猜三次拳，分出勝負。

 1 回合的猜拳
你要出什麼？
0=石頭 1=剪刀 2=布 2
電腦出的是剪刀
電腦贏了

 2 回合的猜拳
你要出什麼？
0=石頭 1=剪刀 2=布 1
電腦出的是石頭
電腦贏了

 3 回合的猜拳
你要出什麼？
0=石頭 1=剪刀 2=布 0
電腦出的是剪刀
你贏了
--------------------
你獲勝的次數 1
電腦獲勝的次數 2
電腦獲勝了！
```

於第 3 ～ 4 行程式碼宣告 you_win、com_win 變數之後，將玩家獲勝次數與電腦獲勝次數分別代入這兩個變數。

由於三次定勝負，所以第 8 行的 for 迴圈會重複執行 3 次處理。

第 11 ～ 14 行則利用 while True 的無限迴圈讓玩家輸入 0、1、2 其中一個數字。這個處理的細節會在後面說明。

在第 18 ～ 40 行的程式碼判斷勝負，若玩家獲勝，讓 you_win 的值增加 1，電腦獲勝就讓 com_win 的值增加 1。

迴圈結束後，輸出 you_win 與 com_win 的值。接著在第 45 ～ 50 行的程式碼比較 you_win 與 com_win 的大小，輸出是玩家還是電腦勝利的結果，不然就輸出平手。

》》》 讓玩家只能輸入預設的字串

這個程式額外撰寫了只讓玩家輸入 0、1、2 其中一個數字的處理（第 11 ～ 14 行）。

圖 3-4-7　只輸入預設字串的處理

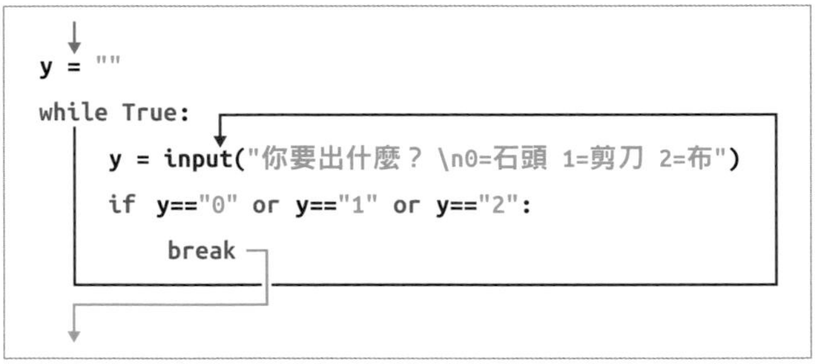

```
y = ""
while True:
    y = input("你要出什麼？ \n0=石頭 1=剪刀 2=布")
    if y=="0" or y=="1" or y=="2":
        break
```

假設 while 迴圈條件式為 True，就會不斷地執行處理（紅色箭頭的線條），輸入的值若是 0、1、2 其中之一，就會透過 break 脫離無限迴圈，進入後續的處理（綠色箭頭的線條）。

當玩家輸入 0、1、2 之外的數字，這個處理就會再次執行，input() 也會再次執行。

與電腦一決勝負的遊戲完成了耶！單字輸入遊戲是一個人玩的遊戲，但這次是與電腦對戰，遊戲變得更有趣了。

對啊，競賽本來就是有趣的啊！

如果能做出棒球或足球這類電腦遊戲就太棒了。我知道團隊遊戲很難，但網球遊戲應該比較簡單吧？

慢慢學的話，一定可以學會。雖然不是網球遊戲，但本書的最後就是製作與電腦對戰的電子冰上曲棍球遊戲喲。

真是太讓人期待了！

Lesson 3-5 製作打地鼠遊戲

第三個要開發的遊戲是打地鼠遊戲。我們會透過這個遊戲學習到計算遊戲時間的中高階處理。

››› 要開發什麼遊戲？

讀者有看過用槌子打鱷魚的大型電動機台嗎？最近雖然很少看到，但以前有很多遊樂場都有，有些讀者應該也玩過才對。
筆者小時候有玩過用槌子打地鼠的「打地鼠」機台。

圖 3-5-1　打地鼠遊戲

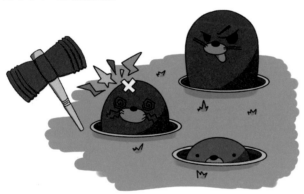

這次要在 IDLE 玩這個遊戲。
由於電腦遊戲可以隨心所欲設計，所以這次要製作的遊戲會先排列底線（_）、點（.）以及半形英文字母的「O」呈現洞與地鼠。O 代表地鼠跑出洞啦。

圖 3-5-2　以符號與文字呈現打地鼠遊戲

```
                         O
 .    .    .    .    .        .    .
[0]  [1]  [2]  [3]  [4]  [5]  [6]  [7]
```

設定成輸入地鼠位置的數字打倒地鼠的模式。不過，IDLE 無法即時輸入按鍵，所以改成輸入數字再按下 Enter 鍵的操作。

這個遊戲要設計成早一步打倒所有地鼠的模式。遊戲時，會計算開始與結束的時間，越早打倒所有地鼠，得分就越高。

這個打地鼠遊戲會以輸入數字、按下 Enter 鍵進行。Python 當然也有即時進行處理的方法，這個方法會在第 4 章與特別附錄的電子冰上曲棍球學習。

〉〉〉 透過這個遊戲學習的演算法

接下來要學習「利用程式計時的方法」以及「自訂函數的方法」。這個遊戲一樣會分成三個階段開發。

第一階段 學習計時的方法

這個部分要說明以 Python 計時的方法。計時的方法有很多種，這次的範例使用 time 模組計時。

請輸入下列的程式，並且命名與儲存程式，再執行與確認執行結果。

程式 3-5-1 ▶ mogura_tataki_1.py

```
1   import time                                      載入 time 模組
2   print("========== 計時開始 ==========")           輸出開始計時的訊號
3   ts = time.time()                                 將這個時間的 epoch 秒數代入變數 ts
4   print("epoch秒數", ts)                            輸出 ts 值
5   input("計算按下Enter鍵之前的時間")                   利用 input() 命令等待使用者按下 Enter 鍵
6   te = time.time()                                 將這個時間點的 epoch 秒數代入變數 te
7   print("epoch秒數", te)                            輸出 te 值
8   print("========== 計時結束   ==========")           輸出計時結束的訊號
9   print(" 遊戲秒數 ", int(te-ts))                    輸出無條件捨去小數點的「te-ts」的值
```

圖 3-5-3　執行結果

```
========== 計時開始 ==========
epoch秒數 1654861116.455538
計算按下Enter鍵之前的時間
epoch秒數 1654861119.769048
========== 計時結束 ==========
遊戲秒數 3
```

Python 可利用 time 模組的 **time()** 函數取得 **epoch** 秒數。所謂的 epoch 秒數就是從 1970 年 1 月 1 日凌晨 0 時 0 分 0 秒開始計算的經過秒數。

這個程式在第 1 行程式碼載入 time 模組，再利用第 3 行程式碼的 ts=time.time() 將當下的 epoch 秒代入變數 ts，接著在第 4 行輸出 ts 的值。

在第 5 行程式碼執行 input() 命令之後，程式會先暫停，等待玩家輸入字串以及按下 Enter 鍵，但此時 epoch 秒還是不斷累進。當玩家按下 Enter 鍵，程式就會進入第 6 行，以 te=time.time() 將新的 epoch 秒代入變數 te。

te 減掉 ts 的值就是以 input() 輸入字串之前的時間（**圖 3-5-4**）。這個時間會先以 int() 轉換成整數再於第 9 行程式碼輸出。

圖 3-5-4　利用 time.time() 計算經過時間

第二階段　自訂顯示地鼠的函數

接著要自訂顯示地鼠與編號的函數。這部分的程式不需要計時。
請確認下列程式的內容。

程式 3-5-2 ▶ mogura_tataki_2.py

```
1   def mogura(r):                          自訂顯示地鼠的函數
2       m = ""                              將空白字串代入變數 m
3       n = ""                              將空白字串代入變數 n
4       for i in range(8):                  迴圈　利用變數 i 重複執行 8 次
5           ana = "."                       將點代入變數 ana
6           if i==r:                        當 i 為參數 r 的值
7               ana = "O"                   將「O」代入 ana
8           m = m + " _" + ana + "_ "       合併底線與 ana
9           n = n + " [" + str(i) + "] "    合併 [ 與、i 值 ]
10      print(m)                            輸出 m 值（洞與地鼠）
11      print(n)                            輸出 n 值（洞的編號）
12
13  print("以參數1呼叫mogura()函數")         輸出「以參數 1 呼叫 mogura() 函數」
14  mogura(1)                               呼叫 mogura(1)
15  print("")                               輸出換行的空白字串
16  print("以參數5呼叫mogura()函數")         輸出「以參數 5 呼叫 mogura() 函數」
17  mogura(5)                               呼叫 mogura(5)
```

圖 3-5-5　執行結果

```
以參數1呼叫mogura()函數
         O
  .    .    .    .    .    .    .    .
 [0]  [1]  [2]  [3]  [4]  [5]  [6]  [7]

以參數5呼叫mogura()函數
                             O
  .    .    .    .    .    .    .    .
 [0]  [1]  [2]  [3]  [4]  [5]  [6]  [7]
```

第 1 ～ 11 行的程式碼就是輸出地鼠與編號的 mogura() 函數。這個函數有參數 r，會利用 r 值指定地鼠從哪個洞鑽出來。

這次是利用字串代表地鼠洞，也在第 2、3 行程式碼宣告了以空白字串為初始值的變數 m 與 n。第 4 ～ 9 行的迴圈會讓 m 與底線（_）、點（.）合併。這時候會以「O」取代位置 r 的點。

接著讓「編號」這個字串與 n 合併，而為了讓 i 的數值轉換成字串，使用了 str()。

透過上述的步驟建立地鼠洞與編號的字串，再於第 10 ～ 11 行輸出字串。

真正執行這個函數的是第 14 行與第 17 行。光是完成函數的定義是無法執行函數的，必須在必要的時候，於程式之內呼叫與執行。

只憑文字呈現地鼠洞與鑽出洞的地鼠真是特別啊！

嗯，電腦遊戲就是可以隨心所欲地製作喲！在開發軟體時，通常會先決定規格，之後再依照制定好的規格開發。

能隨心所欲開發這點真不錯。
我也愛上遊戲開發了。

第三階段 完成打地鼠遊戲

接著要利用第一階段的計時處理、第二階段的顯示地鼠的函數，以及其他的遊戲處理完成打地鼠這個遊戲。

請確認下列完成版的程式。

程式 3-5-3 ▶ mogura_tataki_3.py

```
1   import time                                   載入 time 模組
2   import random                                 載入 random 模式
3
4   def mogura(r):                                定義顯示地鼠的函數
5       m = ""                                    將空白字串代入變數 m
6       n = ""                                    將空白字串代入變數 n
7       for i in range(8):                        迴圈　利用 i 執行 8 次
8           ana = "."                             將點代入變數 ana
9           if i==r:                              假設 i 為參數 r 的值
10              ana = "O"                         將「O」代入 ana
11          m = m + " _" + ana + "_ "             合併底線與 ana
12          n = n + " [" + str(i) + "] "          合併 [ 與、i 值 ]
13      print(m)                                  輸出 m 值（洞與地鼠）
14      print(n)                                  輸出 n 值（洞的編號）
15
16  print("========= 遊戲開始！ =========")        輸出遊戲開始的訊號
17  hit = 0                                       將 0 代入變數 hit
18  ts = time.time()                              將這個時間點的 epoch 秒代入 ts
19  for i in range(10):                           迴圈　利用 i 執行 10 次
20      r = random.randint(0, 7)                  將 0 ～ 7 的亂數代入 r
21      mogura(r)                                 以 r 為參數，呼叫 mogura() 函數
22      p = input("地鼠在哪裡? ")                   利用 input() 輸入地鼠所在位置的編號
23      if p == str(r):                           如果編號與地鼠的位置一致
24          print("HIT!")                         輸出 HIT！
25          hit = hit + 1                         hit 的值加 1
26      else:                                     否則
27          print("MISS")                         輸出 MISS
28  t = int(time.time()-ts)                       將開始到結束的秒數代入 t
29  bonus = 0                                     將 0 代入變數 bonus
30  if t<60:                                      假設遊戲不到 60 秒就結束
31      bonus = 60-t                              將 bonus 的值設定為 60- 遊戲秒數
32  print("========= 遊戲結束 =========")          輸出遊戲結束的訊號
33  print("TIME", t, "sec")                       輸出遊戲秒數
34  print("HIT", hit, "× BONUS", bonus)           輸出打到幾隻地鼠的 bonus 值
35  print("SCORE", hit*bonus)                     輸出分數
```

表 3-5-1　主要變數

hit	打倒的地鼠數量
ts、t	遊戲時間
bonus	計算加分

圖 3-5-6　執行結果

```
========= 遊戲開始! =========
                               O
 [0]   [1]   [2]   [3]   [4]   [5]   [6]   [7]
地鼠在哪裡? 5
HIT!
                         O
 [0]   [1]   [2]   [3]   [4]   [5]   [6]   [7]
地鼠在哪裡? 4
HIT!
                               O
 [0]   [1]   [2]   [3]   [4]   [5]   [6]   [7]
地鼠在哪裡? 5
HIT!
   O
 [0]   [1]   [2]   [3]   [4]   [5]   [6]   [7]
地鼠在哪裡? 0
HIT!
                         O
 [0]   [1]   [2]   [3]   [4]   [5]   [6]   [7]
地鼠在哪裡? 4
HIT!
         O
 [0]   [1]   [2]   [3]   [4]   [5]   [6]   [7]
地鼠在哪裡? 1
HIT!
                   O
 [0]   [1]   [2]   [3]   [4]   [5]   [6]   [7]
地鼠在哪裡? 3
HIT!
                         O
 [0]   [1]   [2]   [3]   [4]   [5]   [6]   [7]
地鼠在哪裡? 1
MISS
                   O
 [0]   [1]   [2]   [3]   [4]   [5]   [6]   [7]
地鼠在哪裡? 3
HIT!
                               O
 [0]   [1]   [2]   [3]   [4]   [5]   [6]   [7]
地鼠在哪裡? 5
HIT!
========= 遊戲結束 =========
TIME 24 sec
HIT 9 × BONUS 36
SCORE 324
```

第 19 ～ 27 行的 for 迴圈是這個遊戲的核心處理。以 for 迴圈執行 10 次處理的時候，會以亂數決定地鼠的位置，再將位置代入變數 r，利用 mogura() 函數輸出編號。假設以 input() 輸入的值與 r 值一致，就讓變數 hit 的值加 1。

在這個 for 迴圈之前的第 18 行程式碼以 ts=time.time() 將遊戲開始時的 epoch 秒代入變數 ts，接著在迴圈結束之後的第 28 行程式碼以 t=int(time.time()-ts) 計算遊戲時間，再將遊戲時間的秒數代入 t。

第 29 ～ 31 行是計算加分的程式碼。這個值會在遊戲時間低於 60 秒的時候，設定為 60- 遊戲時間的秒數。假設遊戲時間超過 60 秒，就將 bonus 設定為 0。

第 33 ～ 35 行則是輸出遊戲時間、打倒的地鼠數量、bonus 的值與分數。以 hit×bonus 的方式計算分數，可在遊戲越快結束，拿到越高分，此外，就算玩家什麼都不輸入，只是一直按 Enter 鍵，也會因為打中地鼠的次數（hit 的值）為 0，而得到 0 分。

這遊戲激起我的好勝心了。
莉香前輩，用這個遊戲一決勝負吧。
輸的人請喝咖啡如何？

好啊！應該很有趣吧！

那，由我先攻吧…5！6！1！呃、3！1！呃 4！，啊按錯了。7！1！0！2！
這是我的分數。

還算可以的分數耶。就讓你看看我的厲害吧。
6！3！1！0！0！4！2！5！2！7！
呵，5 秒就過關了！

太、太厲害了吧…。

呵，你要在車站前的咖啡廳請客囉♪

呃呃，請罐裝咖啡就好了啦…

試著操作日期與時間

這次的打地鼠遊戲利用了 time 模組計時。Python 也內建了許多操作日期與時間的命令或模組，而這個專欄則要介紹這些命令與模組的使用方法。

▪ 利用 time 模組取得現在的日期與時間

接著進一步說明 time 模組的使用方法。
下列是以 time 模組輸出現在的日期與時間的範例。

程式 3-C-2 ▶ time_1.py

```
1  import time                              載入 time 模組
2  t = time.localtime()                     將 localtime() 的值代入 t
3  print(t)                                 輸出 t 的值
4  d = time.strftime("%Y/%m/%d %A", t)      利用 strftime() 建立年月日與星期
                                            的字串
5  h = time.strftime("%H:%M:%S", t)         利用 strftime() 建立時分秒的字串
6  print(d)                                 輸出年月日與星期
7  print(h)                                 輸出時分秒
```

圖 3-C-2　執行結果

```
time.struct_time(tm_year=2022, tm_mon=6, tm_mday=11, tm_hour=12, tm_min=16, tm_s
ec=17, tm_wday=5, tm_yday=162, tm_isdst=0)
2022/06/11 Saturday
12:16:17
```

第 2 行的 t=time.**localtime()** 會將本地時間的資料代入變數 t。為了確認時間，會先於第 3 行輸出變數 t 的值，但會發現這個值沒辦法直接當成日期與時間使用。所以要使用 **strftime()** 函數在第 4 ～ 5 行將本地時間的資料轉換成自由格式的日期或時間。strftime() 的第一個參數可設定為下列表格的符號，第二個參數則可設定為代入 localtime() 的變數。

表 3-C-1　strftime() 的參數符號

符號	將置換為什麼內容
%Y	10 進位制的四位數西元年份
%y	10 進位制的後兩位數西元年份
%m	10 進位制的月份
%d	10 進位制的日期
%A	星期日至六的名稱
%a	簡略的星期日至六的名稱
%H	24 小時制的時間
%I	12 小時制的時間
%M	10 進位的分
%S	10 進位的秒

接續下一頁

使用 datetime 模組

datetime 模組可利用簡單的程式取得日期與時間。下列是輸出執行程式時的日期、時間，再分別取得小時、分鐘、秒的範例。

程式 3-C-3 ▶ datetime_1.py

```
1  import datetime              載入 datetime 模組
2  n = datetime.datetime.now()  將 datetime.now() 的值代入 n
3  print(n)                     輸出 n 的值
4  print("取得小時", n.hour)    輸出「取得小時」
5  print("取得分鐘", n.minute)  輸出「取得分鐘」
6  print("取得秒", n.second)    輸出「取得秒」
```

圖 3-C-3　執行結果

```
2022-06-11 12:25:01.258544
取得小時 12
取得分鐘 25
取得秒 1
```

將 datetime.**datetime.now()** 的值代入變數，再於該變數加上「.hour」，就能取得「小時」的值。同理可證，加上「.minute」可取得「分鐘」，「.second」可取得「秒」。要取得年月日可加上 .year、.month、.day。

使用 calendar 模組

calendar 模組可輸出月曆。下列的程式將顯示特定年份與月份的月曆。

程式 3-C-4 ▶ calendar_1.py

```
1  import calendar               載入 calendar 模組
2  print(calendar.month(2021,3)) 根據參數指定的年份與月份輸出月曆
```

圖 3-C-4　執行結果

```
     March 2021
Mo Tu We Th Fr Sa Su
 1  2  3  4  5  6  7
 8  9 10 11 12 13 14
15 16 17 18 19 20 21
22 23 24 25 26 27 28
29 30 31
```

> Python 有許多操作日期與時間資料的功能，除了 time 模組、datetime 模組、calendar 模組，還內建了許多相關的函數，有興趣的讀者可透過網路了解。

以 calendar 模組的 **month()** 函數指定西元年份與月份，就能輸出月曆。若使用 calendar.**prcal()** 命令，則可輸出一整年的月曆。請大家試著將第 2 行程式碼改寫成 print(calendar.prcal(2021))，確認一下執行結果。

本章要利用 Python 的功能顯示視窗，再於視窗之中繪製各種圖形。此外，還要學習在視窗之內按下滑鼠左鍵，取得滑鼠游標的方法。

在這章學習這類知識之後，會從第 5 章開始製作使用圖形的正統遊戲。

本章會用到許多張圖片，而這些圖片都可先從本書的支援頁面下載 ZIP 檔案，接著解壓縮這個檔案再使用。

在畫布
繪製圖形

Chapter
4

顯示視窗

本章要說明 Python GUI（圖形使用者介面）的元件之一「Canvas」（畫布）。從第 5 章開始要使用畫布製作井字遊戲、翻牌配對遊戲、黑白棋遊戲。讓我們透過本章熟悉使用視窗與圖形開發軟體的流程吧。

》》 關於 GUI

一如第 3 章所述，**GUI**（Graphical User Interface）就是配置在電腦畫面的按鈕、文字方塊以及其他的畫面。舉例來說，瀏覽網路的網頁瀏覽器、文書軟體、試算表軟體，都是由 GUI 建構而成的軟體。

接著以 Windows 內建的「小畫家」軟體介紹 GUI。「小畫家」的介面如下。

圖 4-1-1 Windows 內建的「小畫家」

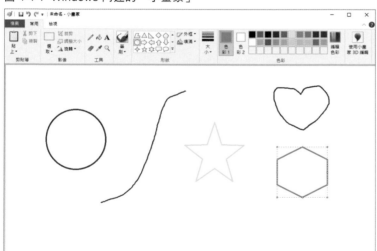

這個軟體有畫圖所需的畫布、調色盤、指定繪製圖形的圖示。使用者利用滑鼠點選圖示即可畫圖。

只要正確地配置 GUI 的元件，就能做出方便操作的軟體。

››› 在 Python 顯示視窗

要製作以 GUI 建構的軟體，就得在電腦畫面顯示視窗。Python 可利用 tkinter 模組建立視窗，再於視窗配置畫圖所需的畫布或是用於輸入資料的按鈕。

第一步先以 tkinter 顯示視窗。請輸入下列的程式，再執行與確認執行結果。

程式 4-1-1 ▶ window_1.py

```
1   import tkinter                          載入 tkinter 模組
2   root = tkinter.Tk()                     建立視窗物件
3   root.title("視窗的標題")                   指定視窗標題
4   root.mainloop()                         開始視窗的處理
```

圖 4-1-2 執行結果

要使用 tkinter 模組就要輸入第 1 行程式碼的 import tkinter。

第 2 行的變數 =tkinter.**Tk()** 則用來建立視窗元件（物件）。

第 3 行的 **title()** 可指定視窗標題列的標題。

第 4 行的 root.**mainloop()** 則用來執行視窗的處理。

這個程式沒有指定視窗的大小，所以只會開啟一個小小的視窗，也只能看到部分的視窗標題，但只要將視窗拉寬，就能看到在第 3 行程式碼指定的視窗標題。

利用 Python 建立視窗時的變數通常會命名為 root，所以這個程式也命名為 root。最後一行的 root.mainloop() 也不用想得太難，當成是執行視窗軟體處理的固定寫法就好。

本章的內容是為了下一章開始的遊戲開發鋪路，但學會 GUI 的使用方法就能做出方便操作的商用軟體。換言之，大家可利用這一章的內容開發更多元的軟體。

使用畫布

接著讓我們在視窗配置「畫布」這項元件,再試著在畫布繪製圖形。要繪製圖形就需要知道電腦螢幕的座標,所以先從這個部分開始説明。

>>> 關於電腦的座標

電腦螢幕是以左上角為原點(0,0),水平方向則是 X 軸,垂直方向是 Y 軸。電腦螢幕的每個視窗都是以視窗左上角為原點,水平與垂直方向則分別是 X 軸與 Y 軸。

圖 4-2-1 電腦的座標

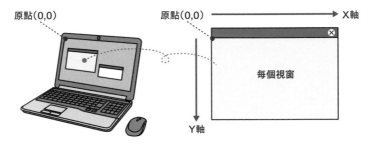

電腦的 Y 軸與數學的 Y 軸相反,越往下,Y 值越大,所以在螢幕繪製圖形時,要特別注意原點的位置與 Y 軸的方向。

>>> 配置畫布

tkinter 內建了畫布(**Canvas**)這種元件,可在畫布輸入字串、繪製圖形與載入圖片。接著讓我們依序顯示字串、圖形與圖片。第一步先在視窗配置畫布,接著在畫布顯示字串。請執行下列的程式,確認程式內容。

程式 4-2-1 ▶ canvas_text.py

```
1  import tkinter                                          載入 tkinter 模組
2  root = tkinter.Tk()                                     建立視窗物件
3  root.title("在畫布顯示字串")                              指定視窗標題
4  cvs = tkinter.Canvas(width=600, height=400, bg="white") 建立畫布元件
5  cvs.create_text(300, 200, text="Python", font=("Times New 在畫布顯示字串
   Roman", 40))
6  cvs.pack()                                              在視窗配置畫布
7  root.mainloop()                                         開始視窗處理
```

圖 4-2-2 執行結果

第 4 行的程式碼建立了畫布元件。建立畫布的語法如下。

```
代表畫布的變數名稱 = tkinter.Canvas(width= 寬, height= 高, bg= 背景色 )
```

這個程式將變數名稱設定為 canvas 這個單字的縮寫「cvs」。

畫布的背景色是以 bg= 的語法指定。這個設定也可以忽略。如果要指定顏色,可在 bg= 後面加上 red、green、blue、black、white 這類顏色的英文單字,或是直接以 16 進位的數值指定顏色。

要在畫布輸入字串可如第 5 行程式碼的做法,對畫布變數使用 **create_text()** 命令。這個命令的參數分別是 X 座標、Y 座標、text= 字串、fill= 文字顏色、font=（字型種類、大小）。X 與 Y 座標是字串的中心位置。

在這個程式之中,使用了 Windows 與 Mac 可共用的 Times New Roman 字型。

第 6 行的 **pack()** 則是在視窗配置畫布。利用 pack() 配置畫布之後,視窗就會依照畫布大小縮放。由於這個程式的畫布設定為寬 600 點、高 400 點,所以視窗會稍微放大。

以 16 進位指定顏色的語法是 #RRGGBB,RR 的部分是紅光的強度,GG 的部分是綠光的強度,BB 則是藍光的強度。例如,紅色是 #ff0000、綠色是 #00c000、紫色是 #80000c0、白色是 #FFFFFF、黑色是 #000000。

COLUMN

指定顏色的英文單字

在此要以範例程式介紹指定顏色的英文單字。下列的程式將以在列表 COL 指定的顏色英文單字顯示字串。

程式 4-C-1 ▶ color_sample.py

1	`import tkinter`	載入 tkinter 模組
2	`root = tkinter.Tk()`	建立視窗物件
3	`root.title("指定顏色的英文單字")`	指定視窗標題
4	`cvs = tkinter.Canvas(width=360, height=480, bg="black")`	建立畫布元件
5		
6	`COL = [`	┐以列表定義顏色的英文單字
7	`  "maroon", "brown", "red", "orange", "gold",`	
8	`  "yellow", "lime", "limegreen", "green", "skyblue",`	
9	`  "cyan", "blue", "navy", "indigo", "purple",`	
10	`  "magenta", "white", "lightgray", "silver", "gray",`	
11	`  "olive", "pink"`	
12	`]`	┘
13	`FNT = ("Times, New Roman", 24);`	定義字的種類與大小
14	`x = 120`	顯示字串的 X 座標
15	`y = 40`	顯示字串的 Y 座標
16	`for c in COL:`	利用 for 迴圈逐次取出 COL 的值
17	`    cvs.create_text(x, y, text=c, fill=c, font=FNT)`	在畫布顯示英文單字
18	`    y += 40`	讓 Y 座標的值增加 40
19	`    if y>=480:`	如果大於等於 480
20	`        y = 40`	將 Y 座標設定為 40
21	`        x += 120`	讓 X 座標增加 120，讓文字往右位移
22		
23	`cvs.pack()`	在視窗配置畫布
24	`root.mainloop()`	執行視窗處理

圖 4-C-1 執行結果

Lesson
4-3

繪製圖形與操作圖片檔

接著要在視窗的畫布繪製圖形以及載入圖片檔。

》》 使用繪製圖形的命令

接著要在畫布繪製線條、矩形、圓形與多邊形。這次會先確認程式的執行結果，再說明繪製圖形的命令。請先確認下列程式的內容吧。

程式 4-3-1 ▶ canvas_figure.py

```
1   import tkinter                                          載入 tkinter 模組
2   root = tkinter.Tk()                                     建立視窗物件
3   root.title("在畫布繪製圖形")                              指定視窗標題
4   cvs = tkinter.Canvas(width=720, height=400, bg="black")  建立畫布元件
5   cvs.create_line(20, 40, 120, 360, fill="red", width=8)   在畫布繪製紅線
6   cvs.create_rectangle(160, 60, 260, 340, fill="orange", width=0)  繪製橘色的矩形
7   cvs.create_oval(300, 100, 500, 300, outline="yellow", width=12)  繪製黃色圓形
8   cvs.create_polygon(600, 100, 500, 300, 700, 300, fill="green",   繪製綠色多邊形
    outline="lime", width=16)
9   cvs.pack()                                              在視窗配置畫布
10  root.mainloop()                                         執行視窗處理
```

圖 4-3-1 執行結果

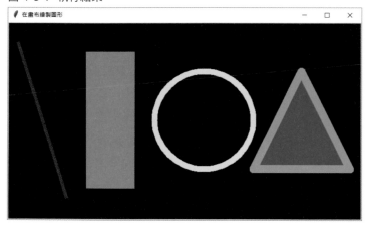

第 5 行的 create_line() 指定了線條兩端的座標，以及繪製了線條。
第 6 行的 create_rectangle() 指定了左上角與右下角的座標，以及繪製了矩形（長方形）。

第 7 行的 create_oval() 指定了橢圓形外框的左上角與右下角的座標，以及繪製了橢圓形。由於這次將這個外框的寬度與高度指定為相同的值，所以繪製了正圓形。

第 8 行的 create_polygon() 則是指定多個點，再將這些點連起來，藉此繪製多邊形的命令。在這個程式之中，指定了（600, 100）、（500, 300）、（700, 300）這三個點，繪製了三角形。

這些命令的參數包含 fill=、outline=、width=，分別代表填色、外框色與外框粗細。如果沒有特別設定填色參數，就會如第 7 行 create_oval() 繪製的圓形一般，只有線條沒有顏色。

>>> 繪製圖形的命令

接著為大家總結繪製圖形的命令。

表 4-3-1　繪製圖形的命令

線條	create_line（x1, y1, x2, y2, fill= 顏色 , width= 線條粗細） ※ 可指定多個點 指定三個點以上，再設定 smooth=True，直線就會變成曲線	(x1, y1) ＼ (x2, y2)
矩形	create_rectangle（x1, y1, x2, y2, fill= 顏色 , outline= 框線顏色 , width= 線條粗細）	(x1, y1) □ (x2, y2)
橢圓形	create_oval（x1, y1, x2, y2, fill= 顏色 , outline= 圓周顏色 , width= 線條粗細）	(x1, y1) ○ (x2, y2)
多邊形	create_polygon(x1, y1, x2, y2, x3, y3, ‥, ‥, fill= 顏色 , outline= 線條顏色 , width= 線條粗細） ※ 可指定多個點	(x1, y1) (‥, ‥) (x2, y2) (x3, y3)

104

接續下一頁

	create_arc（x1, y1, x2, y2, fill= 顏色 , outline= 線 條顏色 , start= 起始角度 , extent= 要畫成幾度 , style=tkinter.*） ※ 繪製的角度是以度（degree）設定 ※ style= 的部分可省略。若要指定，可將 * 換成 PIESLICE、 　　CHORD、ARC 其中一種	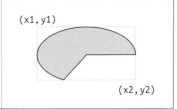 (x1,y1) (x2,y2)
圓弧		

》》》 顯示圖片檔

接著說明載入圖片檔與顯示圖片的方法。下列的程式會載入與程式位於相同資料夾的 shepherd.png 圖片檔。shepherd.png 放在下載的範例檔之中。

程式 4-3-2 ▶ canvas_image.py

```
1  import tkinter
2  root = tkinter.Tk()
3  root.title("在畫布顯示圖片")
4  cvs = tkinter.Canvas(width=540, height=720)
5  dog = tkinter.PhotoImage(file="shepherd.png")
6  cvs.create_image(270, 360, image=dog)
7  cvs.pack()
8  root.mainloop()
```

載入 tkinter 模組
建立視窗物件
指定視窗標題
建立畫布元件
將圖片載入變數 dog
在畫布顯示圖片
在視窗配置畫布
執行視窗處理

圖 4-3-2　執行結果

Chapter 4

在畫布繪製圖形

105

這張圖片的寬為 540 點，高為 720 點，所以畫布設定為 Canvas(width=540, height=720)，依照照片的大小設定畫布的大小。

第 5 行的 **PhotoImage()** 命令可透過參數 file= 指定圖片檔名稱，載入變數。要顯示圖片時，可仿照第 6 行程式碼，對代表畫布的變數執行 **create_image()**，再於參數的部分指定 X 座標、Y 座標與 image= 載入圖片的變數。

在 create_image() 指定座標時，要特別注意參數的 X 座標與 Y 座標代表的是圖片的中心位置。例如，指定為 create_image(0, 0, image=dog)，圖片就會移動到左上角，只顯示 1/4 的大小。請試著調整 create_image() 的參數，確認圖片是不是真的會移動位置，藉此預習接下來以圖片開發遊戲的流程。

學會在畫布繪製圖形還真是有趣，
能顯示照片也很好玩啊！

對啊，使用圖形或圖片之後，整個畫面就變得有趣許多了。可以試著調整繪圖命令的參數，或是試著繪製不同的圖形或載入圖片。

我會試試看的。
不過我還不怎麼清楚座標值的設定方式，
我會先從這個部分開始嘗試。

Lesson 4-4　讓圖片自己動起來

利用 tkinter 建立視窗之後，可使用經過指定時間呼叫函數的命令進行即時處理。這次我們要學習的是利用這種命令讓畫布裡的圖片自己動起來的方法。

⟫⟫⟫ 關於即時處理

依照時間軸的順序進行的處理稱為**即時處理**。即時處理是開發遊戲不可或缺的技術之一。Python 可在利用 tkinter 建立視窗之後，利用 **after()** 命令進行即時處理。

⟫⟫⟫ 計數

首先讓我們以自動計數程式了解即時處理的輪廓。執行下列的程式之後，畫面上的數字會每一秒遞增一次。

程式 4-4-1 ▶ realtime_number.py

```python
 1  import tkinter
 2
 3  F = ("Times New Roman", 100)
 4  n = 0
 5  def counter():
 6      global n
 7      n = n + 1
 8      cvs.delete("all")
 9      cvs.create_text(300, 200, text=n, font=F,
    fill="blue")
10      root.after(1000, counter)
11
12  root = tkinter.Tk()
13  root.title("即時處理 1")
14  cvs = tkinter.Canvas(width=600, height=400,
    bg="white")
15  cvs.pack()
16  counter()
17  root.mainloop()
```

載入 tkinter 模組	
將字型定義指定給變數 F	
建立初始值為 0 的變數 n	
定義執行即時處理的函數	
將 n 宣告為全域變數	
讓 n 的值遞增 1	
刪除畫布裡的所有圖形	
顯示 n 值	
在 1 秒（1000 毫秒）之後執行 counter()	
建立視窗物件	
指定視窗標題	
建立畫布元件	
將畫布配置在視窗之中	
呼叫 counter() 函數	
執行視窗處理	

圖 4-4-1　執行結果

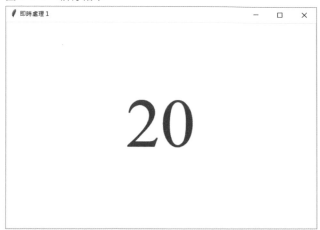

第 5 〜 10 行定義了 counter() 函數。這個函數會執行即時處理。

為了自動計數，這次在 counter() 函數的內部以 global n 的敘述，將位於外側的 n = 0 的變數 n 宣告為全域變數。接著再以第 7 行的 n = n + 1 讓變數在函數執行之後不斷遞增。以第 8 行的 cvs.**delete("all")** 清除畫布的內容之後，再利用第 9 行的 create_ text() 顯示 n 值。

第 16 行是呼叫 counter() 函數的程式碼。執行 counter() 函數之後，就會以第 10 行的 after() 命令在 1000 毫秒（1 秒）之後再次呼叫 counter()。after() 的參數就是「在幾毫秒之後執行哪個函數」。**將函數名稱指定給 after() 的參數時，函數名稱不需要加上 ()。**

利用 after() 執行即時處理的流程如下。

圖 4-4-2　利用 after() 命令執行處理的流程

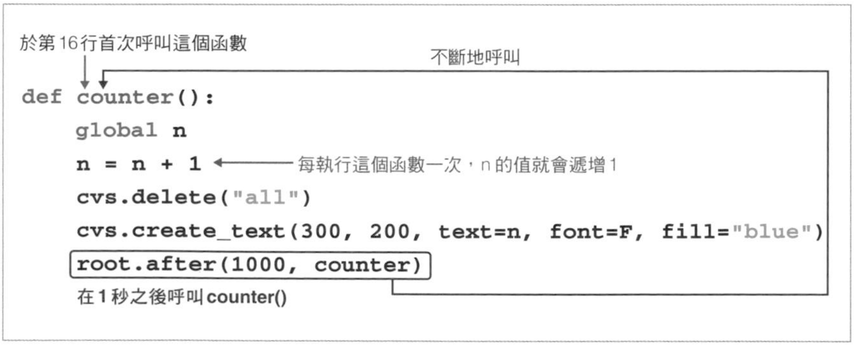

於第16行首次呼叫這個函數　　　　　　　　　　　不斷地呼叫

```
def counter():
    global n
    n = n + 1  ←── 每執行這個函數一次，n 的值就會遞增 1
    cvs.delete("all")
    cvs.create_text(300, 200, text=n, font=F, fill="blue")
    root.after(1000, counter)
    在 1 秒之後呼叫counter()
```

從這個流程可以發現，每執行 counter() 一次，n 的值就會遞增 1，這個值也會不斷地在畫布顯示。

 全域變數的值雖然可在程式結束為止保留，但是函數之內的區域變數卻會在函數呼叫時初始化。這是程式設計非常重要的規則，還請大家先記起來喲。

⟫⟫⟫ 讓圖片動起來

接著要讓圖片自己動起來。下列的程式會讓飛機抵達右端之後往左前進，再於抵達左端時往右移動，不斷地在視窗之中移動。

程式 4-4-2 ▶ realtime_image.py

```
1   import tkinter                                      載入 tkinter 模組
2
3   x = 300                                             將初始值代入變數 x
4   y = 100                                             將初始值代入變數 y
5   xp = 10                                             將初始值代入變數 xp
6   def animation():                                    定義執行即時處理的函數
7       global x, xp                                    將 x 與 xp 宣告為全域變數
8       x = x + xp                                      將 xp 的值加入 x
9       if x <= 30: xp = 5                              當 x 小於等於 30，將 xp 設定為 5
10      if x >= 770: xp = -5                            當 x 大於等於 770，將 xp 設定為 -5
11      cvs.delete("all")                               清除畫布的所有內容
12      cvs.create_image(400, 200, image=bg)            顯示背景圖片
13      if xp<0:                                         當 xp 為負值
14          cvs.create_image(x, y, image=ap1)           繪製向左前進的飛機
15      if xp>0:                                         當 xp 為正值
16          cvs.create_image(x, y, image=ap2)           繪製向右前進的飛機
17      root.after(50, animation)                       在 50 毫秒之後執行 animation()
18
19  root = tkinter.Tk()                                 建立視窗物件
20  root.title("即時處理 2 ")                            指定視窗標題
21  cvs = tkinter.Canvas(width=800, height=400)         建立畫布元件
22  cvs.pack()                                          在視窗配置畫布
23  ap1 = tkinter.PhotoImage(file="airplane1.png")      載入向左前進的飛機圖片
24  ap2 = tkinter.PhotoImage(file="airplane2.png")      載入向右前進的飛機圖片
25  bg = tkinter.PhotoImage(file="bg.png")              載入背景圖片
26  animation()                                         呼叫 animation() 函數
27  root.mainloop()                                     執行視窗處理
```

圖 4-4-3　執行結果

第 3 ～ 4 行宣告了管理飛機座標的變數 x 與 y，第 5 行宣告了管理飛機於 X 軸移動量的變數 xp。

第 6 ～ 17 行定義了讓飛機自行移動的 animation() 函數。這個函數會讓 X 座標與 X 軸方向的移動量不斷改變，所以要以第 7 行的程式碼將變數 x、xp 宣告為全域變數。變數 y 的值不需要在函數執行時改變，所以不需要宣告為全域變數。

第 8 ～ 10 行是讓飛機的 X 座標不斷改變的計算。將 xp 的值加入 x，直到 x 小於等於 30（抵達左端），再將 xp 的值設定為 5。當 xp 為正數，x 值就會不斷增加，所以飛機就會往右移動，等到 x 大於等於 770（抵達右端），再將 xp 設定為 -5，讓飛機往左移動。

以第 11 行的 cvs.delete("all") 清除畫布的內容，再以第 12 行的程式碼顯示背景圖片。此外，第 13 ～ 14 行的程式會在 xp 為負值時，顯示向左移動的飛機，第 15 ～ 16 行的程式則會在 xp 為正值時，顯示向右移動的飛機。

》》》 將 if 條件式寫成一行

上述的程式將第 9、10 行的 if 條件式，寫成下列的單行內容。

```
if x <= 30: xp = 5
if x >= 770: xp = -5
```

Python 本來是以縮排的方式撰寫區塊處理，也就是以下列的格式撰寫的程式設計語言。

```
if x <= 30:
    xp = 5
if x >= 770:
    xp = -5
```

上述這種寫法當然也是正確的，但是寫成第 9、10 行這種不換行的程式比較簡潔，所以這次的程式才刻意不換行，直接寫成兩行程式。

看著飛機飛來飛去還真是有趣耶！
我第一次知道有即時處理這種處理。

能樂在學習是最棒的事啊！

話說回來，莉香前輩說過自己學程式
設計學得很痛苦對吧？

嗯，我當初學得很痛苦，因為開頭就從很難的程式設計
語言開始學。如果先學 Python 的話，那個很難的程式
設計語言應該會變得簡單一點。

原來如此。
那我要先努力學會 Python！

取得滑鼠游標的點擊事件

Python 也內建了滑鼠游標在視窗點擊與移動的命令。這一節與下一節會介紹這兩種命令的使用方法。

》》》 關於事件

使用者對軟體進行的按鍵或滑鼠操作統稱為「事件」。舉例來說，點選視窗，就會對視窗產生點擊事件。

圖 4-5-1　軟體的事件

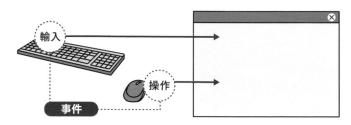

知道發生了什麼事件會以「接受」或「取得」該事件的方式形容。

》》》 使用 bind() 命令

要接受事件可使用 **bind()** 命令。要使用 bind() 必須建立事件發生時的函數，再寫成 bind("< 事件 >", 要執行的函數的名稱)。**寫在 bind() 的參數的函數名稱不需要加上 ()。**

bind() 可取得的主要事件如下。

表 4-5-1　以 bind() 取得的事件

<事件>	事件內容
<ButtonPress> 或 <Button>	按下滑鼠按鈕
<ButtonRelease>	放開滑鼠按鈕
<Motion>	移動滑鼠游標
<KeyPress> 或 <Key>	按下按鍵
<KeyRelease>	放開按鍵

<ButtonPress> 可以簡化為 <Button>，<KeyPress> 也可以簡化為 <Key>。

>>> 接受滑鼠點擊事件

讓我們利用點選畫布，圖形就產生變化的程式學習接受事件的機制。請確認下列程式的內容。每點選一次視窗內部的畫布，圖形就會依序變成矩形→三角形→圓形→矩形。

程式 4-5-1 ▶ event_button.py

```
1   import tkinter                                    載入 tkinter 模組
2
3   n = 0                                             將 0 代入變數 n
4   def click(e):                                     定義點擊時觸發的函數
5       global n                                      將 n 宣告為全域變數
6       n = n + 1                                     讓 n 的值遞增 1
7       if n==3: n = 0                                當 n 等於 3 就設定為 0
8       cvs.delete("all")                             清除畫布的內容
9       if n==0:                                      假設 n 為 0
10          cvs.create_oval(200, 100, 400, 300,       顯示圓形
    fill="green")
11      if n==1:                                      假設 n 為 1
12          cvs.create_rectangle(200, 100, 400, 300,  顯示矩形
    fill="gold")
13      if n==2:                                      假設 n 為 2
14          cvs.create_polygon(300, 100, 200, 300, 400,  顯示三角形
    300, fill="red")
15
16  root = tkinter.Tk()                               建立視窗物件
17  root.title("取得滑鼠點擊事件")                      指定視窗標題
18  root.bind("<Button>", click)                      指定於事件觸發時執行的函數
19  cvs = tkinter.Canvas(width=600, height=400,       建立畫布元件
    bg="white")
20  cvs.create_text(300, 200, text="請點選視窗內部任    顯示說明
    何一個位置")
21  cvs.pack()                                        在視窗配置畫布
22  root.mainloop()                                   執行視窗處理
```

圖 4-5-2　執行結果

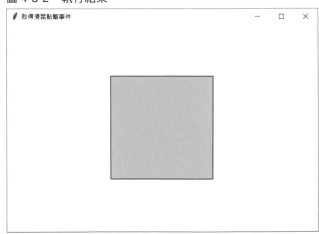

圖 4-5-3　每點擊一次，圖形就會變化一次

第 4 ～ 14 行定義了於滑鼠點擊時觸發的函數。在這個程式之中，這個函數設定為 click()。

click() 函數的處理是讓宣告為全域變數的 n 不斷遞增 1，遞增至 3 之後，再設定為 0。換言之，每按下滑鼠左鍵一次，n 就會依照 0 → 1 → 2 → 0 的順序變化。第 9 ～ 14 行則是在 n 為 0 的時候繪製圓形，為 1 的時候繪製矩形，為 2 的時候繪製三角形。為了在按下滑鼠左鍵的時候呼叫 click() 函數，所以撰寫了第 18 行的 root.bind("<Button>", click) 的程式碼。

》》》 關於 click(e) 的參數 e

click() 函數的參數 e 是用來接收事件的部分。這個程式雖然沒有用到這個 e，但下個取得滑鼠游標動態的程式就會利用參數 e 取得滑鼠游標的座標。

一點選圖形就會變化的程式也很有趣耶。如果搭配前一節讓圖片動起來的方法，好像能開發出有趣的程式。

優斗說的這個程式會在本章的最後製作，敬請期待！

取得滑鼠游標的動態

接著要學習取得滑鼠游標的動態（滑鼠游標的座標）的方法。

取得座標

要取得滑鼠游標的動態與取得點擊事件的步驟一樣，只要先建立在滑鼠游標移動時執行的函數，再利用 bind() 指定該函數即可。要取得滑鼠游標的動態可在 bind() 的參數撰寫 <Motion> 這種事件。

讓我們一起了解取得滑鼠游標座標的程式。這個程式會在畫布顯示滑鼠游標的座標。

程式 4-6-1 ▶ event_motion.py

```
1   import tkinter                                         載入 tkinter 模組
2
3   FNT = ("Times New Roman", 40)                          定義字型
4   def move(e):                                           定義在滑鼠游標移動時執行的函數
5       cvs.delete("all")                                  清除畫布的內容
6       s = "({}, {})".format(e.x, e.y)                    建立顯示滑鼠游標座標的字串
7       cvs.create_text(300, 200, text=s, font=FNT)        在畫布顯示該字串
8
9   root = tkinter.Tk()                                    建立視窗物件
10  root.title("滑鼠游標的座標")                             指定視窗標題
11  root.bind("<Motion>", move)                            指定在事件觸發時執行的函數
12  cvs = tkinter.Canvas(width=600, height=400)            建立畫布元件
13  cvs.create_text(300, 200, text="請在視窗之內移動        顯示說明
    滑鼠游標")
14  cvs.pack()                                             在視窗配置畫布
15  root.mainloop()                                        執行視窗處理
```

圖 4-6-1 執行結果

第 4 ～ 7 行定義了在滑鼠游標移動時執行的函數。在這個程式之中,將這個函數命名為 move()。move() 函數的參數 e 是用來接收事件的變數,e.x 與 e.y 是滑鼠游標的座標。

接收事件的參數名稱可隨意命名,例如寫成 move(event) 也沒關係,此時 event.x、event.y 就是滑鼠游標的座標。

》》 format() 命令的使用方法

第 6 行的程式碼將滑鼠游標的座標當成字串指定給變數 s。負責執行這段處理的是 **format()** 命令。format() 會如下將字串裡的 {} 置換成變數值。

圖 4-6-2　format() 的功能

```
s = "({}, {})".format(e.x, e.y)
```

format() 的參數可以無限多個,如果在 format() 撰寫五個參數,字串之內就要輸入 5 個 {}。

Lesson 2-2 學過以 str() 將數字轉換成字串的方法。
請大家務必記得 str() 與 format() 這兩種命令的使用方法。
format() 很適合在將多個變數轉換成字串時使用。

Lesson 4-7 追著滑鼠游標跑的氣球

接著要製作讓氣球在視窗（畫布）追著滑鼠游標跑，以及在視窗之內按下滑鼠左鍵，氣球就跟著變色的程式。

》》》 組合多種處理

接下來要學習的內容可說是本章的集大成。下列的程式會用到即時處理、取得滑鼠點擊事件與滑鼠游標動態（座標）的處理。氣球則是以繪製圖形的命令繪製。

請確認下列程式的內容。

程式 4-7-1 ▶ move_balloon.py

```python
1   import tkinter
2
3   COL = ["red", "orange", "yellow", "lime", "cyan",
    "blue", "violet"]
4   bc = 0
5   bx = 0
6   by = 0
7   mx = 0
8   my = 0
9
10  def click(e):
11      global bc
12      bc = bc + 1
13      if bc==7: bc=0
14
15  def move(e):
16      global mx, my
17      mx = e.x
18      my = e.y
19
20  def main():
21      global bx, by
22      if bx < mx: bx += 5
23      if mx < bx: bx -= 5
24      if by < my: by += 5
25      if my < by: by -= 5
26      cvs.delete("all")
27      cvs.create_oval(bx-40, by-60, bx+40, by+60,
    fill=COL[bc])
28      cvs.create_oval(bx-30, by-45, bx-5, by-20,
    fill="white", width=0)
29      cvs.create_line(bx, by+60, bx-10, by+100,
    bx+10, by+140, bx, by+180, smooth=True)
30      root.after(50, main)
31
32  root = tkinter.Tk()
```

| 載入 tkinter 模組 |
| 利用列表定義氣球的顏色 |
| 管理氣球顏色的變數 |
| 代入氣球 X 座標的變數 |
| 代入氣球 Y 座標的變數 |
| 代入滑鼠游標的 X 座標的變數 |
| 代入滑鼠游標的 Y 座標的變數 |
| 定義按下滑鼠左鍵時執行的函數 |
| 將 bc 宣告為全域變數 |
| 讓 bc 的值遞增 1 |
| 當 bc 的值為 7 就設定為 0 |
| 定義在滑鼠游標移動時執行的函數 |
| 將兩個變數宣告為全域變數 |
| 將滑鼠游標的 X 座標代入 mx |
| 將滑鼠游標的 Y 座標代入 my |
| 定義主要處理的函數 |
| 將這兩個變數宣告為全域變數 |
| 當 bx 小於 mx，讓 bx 增加 5 |
| 當 mx 小於 bx，讓 bx 減少 5 |
| 當 by 小於 my，讓 by 增加 5 |
| 當 my 小於 by，讓 by 減少 5 |
| 清除畫布的內容 |
| 利用繪製圖形與線條的命令繪製氣球 |
| 將氣球的顏色設定為 COL[bc] |
| 在 50 毫秒之後呼叫 main() |
| 建立視窗物件 |

接續下一頁

```
33  root.title("即時讓氣球移動")                          指定視窗標題
34  root.bind("<Button>", click)                        指定在按下滑鼠左鍵時執行的函數
35  root.bind("<Motion>", move)                         指定在滑鼠游標移動時執行的函數
36  cvs = tkinter.Canvas(width=900, height=600,
    bg="skyblue")                                       建立畫布元件
37  cvs.pack()                                          在視窗配置畫布
38  main()                                              呼叫 main() 函數
39  root.mainloop()                                     執行視窗處理
```

圖 4-7-1　執行結果

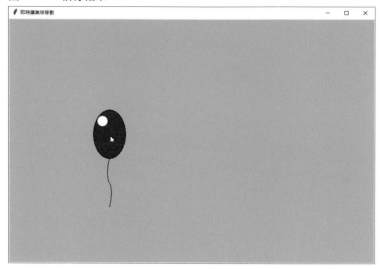

在視窗內部按下滑鼠左鍵，氣球就會變色。

圖 4-7-2　氣球顏色的變化順序

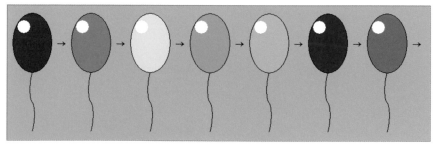

氣球的顏色是以第 3 行的 COL=[["red", "orange", "yellow", "lime", "cyan", "blue", "violet"] 定義。

第 10 ～ 13 行定義了按下滑鼠左鍵執行的 click() 函數。管理氣球顏色編號的變數 bc 是在這個函數之外宣告，所以才在這個函數之內以 global bc 宣告為全域變數。按下滑鼠左鍵，就會在函數之內讓 bc 的值遞增 1，遞增為 7 之後，就會設定為 0。

第 15 ～ 18 行定義了在滑鼠游標移動時執行的 move() 函數。代入滑鼠游標座標的 mx、my 是在函數的外側宣告之外，也在函數內側將滑鼠游標的座標代入 mx 與 my。

第 20 ～ 30 行定義了執行即時處理的 main() 函數。管理氣球座標的變數 bx 與 by 是於函數外側宣告。在 main() 函數之內比較氣球與滑鼠游標的座標，再讓氣球的座標慢慢接近滑鼠游標。氣球是以 create_oval() 與 create_line() 繪製。

接著說明讓氣球接近滑鼠游標的計算方法。

》》》 讓氣球接近滑鼠游標的演算法

請根據下圖與 X 座標思考氣球接近滑鼠游標的機制。

圖 4-7-3　讓氣球的 X 座標變化

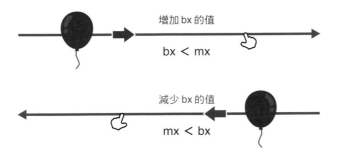

氣球在左，滑鼠游標在右（如上圖的狀態）時，bx 與 mx 的值為 bx < mx，此時讓氣球往右移動，就能接近滑鼠游標，所以才讓 bx 的值增加。反之，當氣球在右，滑鼠游標在左（下圖的狀態），bx 與 mx 的關係就是 mx < bx，此時讓 bx 的值減少，讓氣球往左移動。這些判斷與計算都是在第 22 ～ 23 行進行。

Y 軸的方向也於第 24 ～ 25 行的程式碼進行相同的計算，所以氣球就能朝著滑鼠游標的方向前進。讓我們針對第 22 ～ 25 行的內容說明。

```
if bx < mx: bx += 5
if mx < bx: bx -= 5
if by < my: by += 5
if my < by: by -= 5
```

bx += 5 與 bx = bx + 5 的意思相同，bx -= 5 與 bx = bx - 5 的意義相同。這個程式
每計算一次，就會讓氣球的 X 軸與 Y 軸的座標產生 5 點的變化。如果調整這部分的
值，就能調整氣球的移動速度。

調整 after() 的參數，也就是調整毫秒
的值，也能調整氣球的速度。
不過，當參數值太小，就會在氣球繪
製完成之前執行處理，這麼一來就有
可能只畫出部分的氣球。

COLUMN

關於影格速率

這個程式以 root.after(50, main) 設定為每 50 秒執行 main() 函數一次，大概就 1
秒鐘進行 20 次的計算與繪圖。
遊戲軟體在 1 秒之間重新繪製螢幕的次數稱為影格速率。電視遊樂器或電腦的遊
戲軟體大概是每秒繪製 30 次或 60 次的速率。
有些智慧型手機的處理能力比電腦或電視遊樂器來得差，所以也有 1 秒繪製遊戲
畫面 15 ～ 20 次左右的遊戲軟體。

優斗，你從剛剛開始就玩氣球玩得很開心，但了解程式的內容了嗎？

啊，這氣球遊戲太好玩，不小心玩得入神了。大部分我都懂了，但要自己完成一個這樣的遊戲，可能還有點難吧。

只要一步一步學，一定就能學得會的。其實我剛開始學的時候，也完全不知道該怎麼寫好一個程式。

是因為從很難的語言開始吧？

的確跟這點也有關係，但我現在才知道，我當初沒有先學好基礎再進入下個階段。

原來如此，看來程式設計與學其他的東西一樣，都是依照基本、練習與應用的順序學習對吧？

說得沒錯。到目前為止就是從基本進入練習的階段。從下一章開始，要從練習進入應用的階段囉。

我懂了，我會加把勁，更努力學習的！

使用各種GUI元件（其1）

利用 tkinter 建立視窗之後，可配置顯示文字的元件或是按鈕這類輸入元件。本書要在這個專欄與第 7 章的專欄介紹這些 GUI 主要元件的使用方法。

下列的程式在視窗配置顯示字串的標籤與判斷是否點擊的按鈕，只要一點擊按鈕，標籤的顏色與字串就會改變。

程式 4-C-2 ▶ gui_sample_1.py

1	`import tkinter`	載入 tkinter 模組
2		
3	`def btn_on():`	在滑鼠游標點擊按鈕時執行的函數
4	`    la["bg"] = "magenta"`	變更標籤的背景色
5	`    la["text"] = "按下按鈕了"`	變更標籤的字串
6		
7	`root = tkinter.Tk()`	建立視窗物件
8	`root.geometry("300x200")`	指定視窗大小
9	`root.title("GUI的主要元件 -1-")`	指定視窗標題
10	`root["bg"]="black"`	將視窗的背景色設定為黑色
11	`la = tkinter.Label(text="這是稱為標籤` `的元件", bg="cyan")`	建立標籤元件
12	`la.place(x=10, y=10)`	在視窗配置標籤
13	`bu = tkinter.Button(text="按鈕",` `command=btn_on)`	配置按鈕元件
14	`bu.place(x=10, y=60, width=100,` `height=40)`	在視窗配置按鈕
15	`root.mainloop()`	執行視窗處理

圖 4-C-2　執行結果

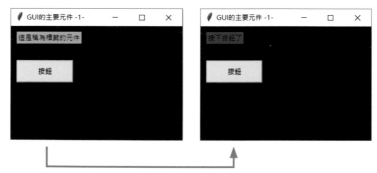

按下按鈕之後，標籤的顏色與字串就會改變

接續下一頁

上述的程式透過第 8 行的 **geometry()** 命令指定視窗的大小（寬 × 高）。
"300×200" 的 x 是半形的「x」。

第 10 行是將視窗的背景色設定為黑色的部分。Python 可透過**元件的變數 [屬性]= 值**的語法變更元件的顏色或是螢幕上的字串。

第 11 行的 **Label()** 命令是建立字串標籤元件的部分。第 12 行的 **place()** 命令則是指定標籤的座標。

第 13 行的 **Button()** 命令是建立按鈕元件的部分。Button() 的參數 command= 可指定在點擊按鈕時執行的函數。利用第 14 行的 place() 配置按鈕時，除了指定了座標，還指定了按鈕的寬與高。

■ 在點擊按鈕時執行函數

在點擊按鈕時執行的函數是於第 3 ～ 5 行定義。這個函數的名稱為 btn_on()，在第 13 行建立按鈕時，以參數指定了 command=btn_on。要注意的是，以 command= 指定函數名稱時，不需要加上 ()。

btn_on() 的處理為標籤元件 [背景色]= 顏色、標籤元件 [文字]= 字串，藉此變更標籤的顏色與字串。

優斗，研修課程進行一大半了，覺得有趣嗎？

嗯，我算是學會程式設計的基本了，我覺得越來越有趣了耶。

太好了。越是了解，就會覺得越有趣喲。我以前也是這樣喲。

嗯，我希望以後能憑自己的力量製作遊戲軟體。

很棒。
那我們在公司建立一個遊戲軟體開發部門吧！

如果能走到這一步就太棒了，但研修課程結束後，我會被派到業務部門，做一些跟軟體開發沒什麼關係的工作，所以沒辦法想到那麼遠。（笑）

把程式設計當成興趣也不錯啊！學會各種技巧，對將來一定有幫助的。

真的，我在念大學的時候，就業輔導處的工作人員與父母親就一直跟我說，現在是有一技之長才能走江湖的時代。接下來的研修課程我會加油的！

本章要製作與電腦對戰的井字遊戲。一開始會學習如何判斷○與╳是否三個連成一線，接著要學會與電腦思考邏輯有關的演算法，過程之中，會學到很多知識喲！

製作井字遊戲

Chapter

5

在畫布繪製格子

這次的程式先說明井字遊戲的規則,接著顯示視窗,再繪製井字遊戲的棋盤。

》》》 何謂井字遊戲

井字遊戲就是在 3×3 的格子裡,由兩位玩家輪流輸入○與×,只要有一方能在垂直、水平或傾斜的方向,讓三個相同的符號連成一線,就能獲勝的遊戲。

圖 5-1-1 井字遊戲

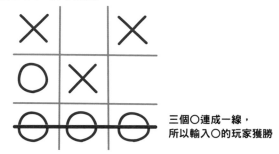

三個○連成一線,
所以輸入○的玩家獲勝

這個遊戲在不同的地方有不同的稱呼,例如有些地方會稱為○ ×棋。猜拳猜贏的人是「○」(○是先手),猜拳猜輸的人是「×」(×是後手),大致上都是這個規則。

我念小學的時候有玩過這個遊戲。

 井字遊戲算是國民遊戲吧,大部分的人都玩過。

接下來會將輸入○的行為稱為「放○」,並且將輸入×的行為稱為「放×」。
為了讓首次製作電腦遊戲的人能夠了解製作遊戲軟體的方法,會盡可能地把這章的井字遊戲寫得簡單一點,所以也不會有什麼先攻後攻的選擇,一律都由玩家先放○,再由電腦放 ×。

>>> 在畫布畫棋盤

接下來從畫棋盤開始製作井字遊戲。先利用 tkinter 建立視窗，配置畫布，再利用畫線命令繪製棋盤。

請輸入下列的程式與確認執行結果。

程式 5-1-1 ▶ list5_1.py

```
1   import tkinter                                          載入 tkinter 模組
2
3   def masume():                                           定義繪製棋盤的函數
4       cvs.create_line(200, 0, 200, 600, fill="gray", width=8)   繪製左側直線
5       cvs.create_line(400, 0, 400, 600, fill="gray", width=8)   繪製右側直線
6       cvs.create_line(0, 200, 600, 200, fill="gray", width=8)   繪製上方橫線
7       cvs.create_line(0, 400, 600, 400, fill="gray", width=8)   繪製下方橫線
8
9   root = tkinter.Tk()                                     建立視窗物件
10  root.title("井字遊戲")                                   指定視窗標題
11  root.resizable(False, False)                            不需變更視窗大小
12  cvs = tkinter.Canvas(width=600, height=600, bg="white") 建立畫布元件
13  cvs.pack()                                              在視窗配置畫布
14  masume()                                                呼叫繪製棋盤的函數
15  root.mainloop()                                         執行視窗處理
```

圖 5-1-2　執行結果

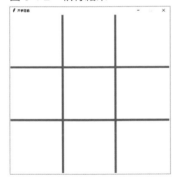

由於是以視窗製作遊戲，所以先在第 1 行載入 tkinter。第 9 ～ 10 行建立視窗與指定視窗標題的部分，以及第 12 ～ 13 行建立與配置畫布的部分，與第 4 章學到的一樣。這個程式除了上述的命令之外，還利用第 11 行的 **resizable()** 禁止調整視窗的大小。resizable() 的第一個參數可設定是否能調整視窗的寬度，第二個參數可設定是否能調整視窗的高度。如果禁止調整就設定為 False，如果可以調整就設定為 True。

第 3 ～ 7 行是繪製棋盤的函數。為了一眼就能看懂是什麼函數，這次將函數命名為
masume。masume() 函數是以 create_line() 在畫布變數 cvs 繪製直線與橫線。

>>> 利用迴圈畫線

第 4 ～ 7 行撰寫了四次畫線的 create_line()。這四行相同的處理可利用 for 迴圈寫成下
列的格式。

```
for i in range(1, 3):
    cvs.create_line(200*i, 0, 200*i, 600, fill="gray", width=8) … ①
    cvs.create_line(0, i*200, 600, i*200, fill="gray", width=8) … ②
```

在上述的程式之中，①是直線的部分，②是橫線的部分。雖然利用 for 迴圈撰寫，只是
將四行的處理減少成三行，但有時候可以減少許多行程式。請大家務必記得，相同的
命令若使用 for 迴圈撰寫，就不用重複輸入很多次相同的程式碼。

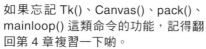

list5_1.py 的程式等於是第 4 章的複習耶。
這次還多學了 resizable() 這個新命令。

如果忘記 Tk()、Canvas()、pack()、
mainloop() 這類命令的功能，記得翻
回第 4 章複習一下喲。

Lesson 5-2 利用列表管理棋盤

接下來要利用二維列表管理○或×位於哪些格子，再於格子之中繪製○或×。

》》》 關於二維列表

為了管理垂直 3 格、水平 3 格的棋盤，這次要建立下列的二維列表（二維陣列）。

```
masu = [
    [0, 0, 0],
    [0, 0, 0],
    [0, 0, 0]
]
```

一如列表名稱 [y][x] 的格式，二維列表是以 y 與 x 這兩個編號指定元素。第 2 章也提過，這裡的 y 與 x 稱為索引值。

以下列的列表為例，masu[0][0] 的值為「1」、masu[1][2] 的值為 2。

```
masu = [
    [1, 0, 0],
    [0, 0, 2],
    [0, 0, 0]
]
```

》》》 利用列表管理○與×

在製作第 3 章的猜拳遊戲時，是以 0、1、2 管理石頭、剪刀、布，而這次的井字遊戲要將空白的格子設定為 0，將○的格子設定為 1，並將×的格子設定為 2。
請確認下列程式的內容。這個程式會試著在格子配置○與×。

程式 5-2-1 ▶ list5_2.py　　※ 新增的程式碼會以螢光筆標記。

```
1   import tkinter                                              載入 tkinter 模組
2
3   masu = [                                                    ┌ 管理棋盤的二維列表
4       [1, 0, 0],                                              │
5       [0, 0, 2],                                              │
6       [0, 0, 0]                                               │
7   ]                                                           └
8
9   def masume():                                               定義繪製棋盤的函數
10      for i in range(1, 3):                                   使用迴圈
11          cvs.create_line(200*i, 0, 200*i, 600, fill="gray",  繪製直線
   width=8)
12          cvs.create_line(0, i*200, 600, i*200, fill="gray",  繪製橫線
   width=8)
13      for y in range(3):                                      雙重迴圈的外側 for 迴圈
14          for x in range(3):                                  雙重迴圈的內側 for 迴圈
15              X = x * 200                                     ┌ 計算繪製○或×的座標
16              Y = y * 200                                     └
17              if masu[y][x] == 1:                             如果 masu[y][x] 為 1
18                  cvs.create_oval(X+20, Y+20, X+180, Y+180,   繪製○
   outline="blue", width=12)
19              if masu[y][x] == 2:                             如果 masu[y][x] 為 2
20                  cvs.create_line(X+20, Y+20, X+180, Y+180,   繪製×
   fill="red", width=12)
21                  cvs.create_line(X+180, Y+20, X+20, Y+180,
   fill="red", width=12)
22
23  root = tkinter.Tk()                                         建立視窗物件
24  root.title("井字遊戲")                                      指定視窗標題
25  root.resizable(False, False)                                禁止調整視窗大小
26  cvs = tkinter.Canvas(width=600, height=600, bg="white")     建立畫布元件
27  cvs.pack()                                                  在視窗配置畫布
28  masume()                                                    呼叫繪製棋盤的函數
29  root.mainloop()                                             執行視窗處理
```

圖 5-2-1　執行結果

第 3 ～ 7 行宣告了管理棋盤的二維列表。空白的格子為 0，○的格子為 1，×的格子
為 2。

繪製棋盤的 masume() 函數追加了第 13 ～ 21 行這種繪製○與×的處理，繪製直線與
橫線的處理是以前一節說明的迴圈進行。

130

>>> 利用雙重迴圈取得棋格的值

接著從 masume() 函數摘出繪製○與×的處理，再加以說明。

```python
for y in range(3):
    for x in range(3):
        X = x * 200
        Y = y * 200
        if masu[y][x] == 1:
            cvs.create_oval(X+20, Y+20, X+180, Y+180, outline="blue", width=12)
        if masu[y][x] == 2:
            cvs.create_line(X+20, Y+20, X+180, Y+180, fill="red", width=12)
            cvs.create_line(X+180, Y+20, X+20, Y+180, fill="red", width=12)
```

從中可以發現，為了取得二維列表的值使用了雙重 for 迴圈，外側的 for 迴圈是根據變數 y 的值重複執行相同的處理，y 的值會呈 0 → 1 → 2 的變化，內側的 for 迴圈則是以變數 x 的值不斷循環，x 的值也呈 0 → 1 → 2 的變化。

此外，○與×的座標也分別代入大寫英文字母的 X 與 Y。X 與 Y 將會儲存各棋格左上角的座標。假設在取得 masu[y][x] 的值之後，發現該值為 1，就在（X,Y）的位置繪製○，如果是 2 就繪製×。

下方是讓 y 與 x 的值一邊改變，一邊調查棋格狀況的示意圖。

圖 5-2-2　利用雙重迴圈取得棋格的值

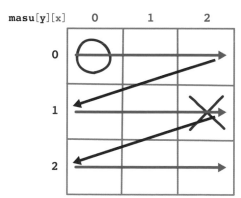

當 y 等於 0 時，x 的值會依照 0 → 1 → 2 的順序變化，等到 y 為 1 的時候，x 再次依照 0 → 1 → 2 的順序變化，等到 y 為 2 的時候，x 還是會依照 0 → 1 → 2 的順序變化。當 y 等於 2，x 也等於 2，迴圈就結束。一如上圖的線條與箭頭所示，這次是從二維列表的左上角依序往右下角繪製○或×的流程。

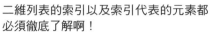

二維列表的索引以及索引代表的元素都
必須徹底了解啊！

是的，或許會有點難，但還是要加油
喲！有必要的話，可翻回第 2 章複習
一下列表的內容。

Lesson 5-3　在點選的棋格加上符號

這次的井字遊戲會讓玩家配置○，讓電腦配置╳。這一節會讓大家學會點選棋格就在該棋格配置○的方法。

》》》 利用 bind() 取得點擊事件

我們在前一章建立了在滑鼠按下左鍵或滑鼠游標移動時執行的函數，也學到了利用 bind() 命令指定事件的種類與函數，還有取得滑鼠點擊事件以及取得滑鼠游標動向的方法。這一節要利用這個方法接受滑鼠的點擊事件，再於點選的棋格配置○。

請確認下列的程式碼內容。點選棋格之後會配置○，再點擊一次，○就會消失。

程式 5-3-1 ▶ list5_3.py　　※ 新增的程式碼會以螢光筆標記。

```
1   import tkinter
2
3   masu = [
4       [0, 0, 0],
5       [0, 0, 0],
6       [0, 0, 0]
7   ]
8
9   def masume():
10      cvs.delete("all")
11      for i in range(1, 3):
12          cvs.create_line(200*i, 0, 200*i, 600,
    fill="gray", width=8)
13          cvs.create_line(0, i*200, 600, i*200,
    fill="gray", width=8)
14      for y in range(3):
15          for x in range(3):
16              X = x * 200
17              Y = y * 200
18              if masu[y][x] == 1:
19                  cvs.create_oval(X+20, Y+20, X+180,
    Y+180, outline="blue", width=12)
20              if masu[y][x] == 2:
21                  cvs.create_line(X+20, Y+20, X+180,
    Y+180, fill="red", width=12)
22                  cvs.create_line(X+180, Y+20, X+20,
    Y+180, fill="red", width=12)
23
24  def click(e):
25      mx = int(e.x/200)
26      my = int(e.y/200)
27      if mx>2: mx = 2
28      if my>2: my = 2
```

程式碼說明
載入 tkinter 模組
管理棋格的二維列表
定義繪製棋盤的函數
清除畫布的內容
利用迴圈
繪製直線
繪製橫線
雙重迴圈的外側 for 迴圈
雙重迴圈的內側 for 迴圈
計算繪製○或╳的座標
當 masu[y][x] 為 1
繪製○
當 masu[y][x] 為 2
繪製╳
在點選滑鼠左鍵時觸發的函數
點選棋格之後
將該棋格的索引值代入變數 mx 與 my
當 mx 超過 2 就設定為 2
當 my 超過 2 就設定為 2

接續下一頁

```
29      if masu[my][mx] == 0:          當棋格的值為 0（空白）
30          masu[my][mx] = 1           將值設定為 1，再配置○
31      else:                          將棋格的值設定為 0，讓棋格
32          masu[my][mx] = 0           變成空白
33      masume()                       繪製棋盤
34
35  root = tkinter.Tk()                建立視窗物件
36  root.title("井字遊戲")             指定視窗標題
37  root.resizable(False, False)       禁止調整視窗大小
38  root.bind("<Button>", click)       指定在點擊滑鼠左鍵時執行的函數
39  cvs = tkinter.Canvas(width=600, height=600, bg="white")   建立畫布元件
40  cvs.pack()                         在視窗配置畫布
41  masume()                           呼叫繪製棋盤的函數
42  root.mainloop()                    執行視窗處理
```

圖 5-3-1　執行結果

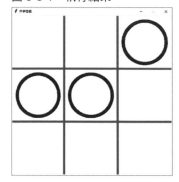

上述程式碼之中的 masume() 函數追加了清除畫布內容的 cvs.delete("all")。如果不執行 delete("all")，就繼續顯示圖案或文字，會加重 Python 的處理負荷。建議大家在不斷繪製圖形的程式之中，利用這個命令清除之前繪製的圖形或文字吧。

第 24 ～ 33 行定義了在點擊滑鼠左鍵時執行的 click() 函數。在 click() 的參數 e 加上 .x 與 .y 之後，e.x 與 e.y 的值就是滑鼠點擊位置的座標。
由於棋格的大小為 200×200 點，所以只要以 200 除以 e.x 與 e.y 的值，就能知道點擊了哪個棋格。在此針對這部分的計算說明。

```
mx = int(e.x/200)
my = int(e.y/200)
if mx>2: mx = 2
if my>2: my = 2
```

這圈 mx 與 my 的值就是棋格的編號（masu[][] 的索引值）。為了將 mx 與 my 的值轉換成整數，而利用 int() 無條件捨去小數點以下的值。為了讓大家更容易了解這個算式與 if 條件式的意義，將 e.x、e.y 的值與管理棋盤的二維列表的索引值畫成下列的示意圖。

圖 5-3-2　點擊位置的座標與棋盤之間的關係

	0～199	200～399	400～599 → e.x 的值
0〜199	masu[0][0]	masu[0][1]	masu[0][2]
200〜399	masu[1][0]	masu[1][1]	masu[1][2]
400〜599	masu[2][0]	masu[2][1]	masu[2][2]

↓
e.y 的值

在視窗的右端附近點擊時，e.x 的值有可能會大於等於 600，此時 mx 的值會因為 mx=int(e.x/200) 這個公式而換算成 3，但這個「3」是在棋盤之外的位置，所以才要利用 if mx>2:mx=2 這個 if 條件式讓 mx 不會超過 2。同樣的，點選視窗下端時，e.y 也有可能大於等於 600，所以利用 if my>2:my=2 的公式讓 my 不會超過 2。

最後則是利用第 29 ～ 32 行的程式，點選的棋格的值為 0 時設定為 1，在為 1 的時候設定為 0，藉此配置○或是消除○。

由於棋格的寬與高都是200點，所以利用200除以點選的座標，就能算出列表的索引值。原來是這樣啊！

若是參照列表的外側（不存在的元素）就會發生錯誤，所以才利用 if mx>2:mx=2 與 if my>2:my=2 的條件式規避這個問題。要記得不能參考不存在的元素這件事唷。

讓電腦配置符號

玩家配置○之後，輪到電腦在空白的棋格配置×。

>>> 輪流制的處理

讓玩家與電腦輪流行動與對戰，或是讓所有參加者依序採取行動的遊戲規則稱為輪流制。這種輪流制的程式設計有很多種，但這個井字遊戲為了讓剛開始學習遊戲開發的人更了解輪流制的程式，決定以最簡單的方法撰寫輪流制的程式碼。

具體來說，就是如下圖所示，在玩家觸發滑鼠點擊事件，配置○之後，讓電腦配置×的流程。

圖 5-4-1　將輪流制的程式寫得簡單一點的流程

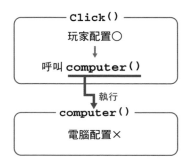

接著要建立電腦配置×的 computer() 函數，並在 click() 之內呼叫這個函數。雖然不建立 computer() 函數，直接在 click() 之內撰寫電腦配置×的處理也可以，但另外建立函數才方便改良電腦的思考邏輯。將整塊處理寫成函數之後，程式碼也會變得比較簡潔易讀，事後也比較方便維護。

此外，稍微高階的遊戲通常都會使用即時處理製作。這個井字遊戲雖然沒使用即時處理，但在後續製作的翻牌配對遊戲或是黑白棋遊戲都會利用即時處理的方式製作。

 這一節會先撰寫玩家與電腦交互下棋的處理，下一節則會撰寫○或×在垂直、水平或傾斜的方向是否連成一線的處理。

>>> 利用 time 模組調整時間

如果玩家配置○與電腦配置╳的處理在瞬間完成，玩家可能無法知道遊戲進行到哪裡，所以要在配置○之後稍等一下，再讓電腦配置╳，也就是利用 time 模組的 sleep() 命令讓程式暫停一下。

>>> 計算配置了幾個符號

接下來的程式會建立計算符號數量的變數，並在○與╳加起來為 9 個的時候，禁止玩家與電腦再配置符號。

程式 5-4-1 ► list5_4.py　※ 新增的程式碼會以螢光筆標記。

```
1   import tkinter
2   import random
3   import time
4
5   masu = [
6       [0, 0, 0],
7       [0, 0, 0],
8       [0, 0, 0]
9   ]
10  shirushi = 0
11
12  def masume():
13      cvs.delete("all")
14      for i in range(1, 3):
15          cvs.create_line(200*i, 0, 200*i, 600, fill="gray",
    width=8)
16          cvs.create_line(0, i*200, 600, i*200, fill="gray",
    width=8)
17      for y in range(3):
18          for x in range(3):
19              X = x * 200
20              Y = y * 200
21              if masu[y][x] == 1:
22                  cvs.create_oval(X+20, Y+20, X+180, Y+180,
    outline="blue", width=12)
23              if masu[y][x] == 2:
24                  cvs.create_line(X+20, Y+20, X+180, Y+180,
    fill="red", width=12)
25                  cvs.create_line(X+180, Y+20, X+20, Y+180,
    fill="red", width=12)
26      cvs.update()
27
28  def click(e):
29      global shirushi
30      mx = int(e.x/200)
31      my = int(e.y/200)
32      if mx>2: mx = 2
33      if my>2: my = 2
34      if masu[my][mx] == 0:
35          masu[my][mx] = 1
36          shirushi = shirushi + 1
```

載入 tkinter 模組
載入 random 模組
載入 time 模組

管理棋盤的二維列表

計算符號總數的變數

定義繪製棋盤的函數
清除畫布的內容
使用迴圈
繪製直線

繪製橫線

雙重迴圈的外側 for 迴圈
雙重迴圈的內側 for 迴圈
計算繪製○或╳的座標

如果 masu[y][x] 為 1
繪製○

如果 masu[y][x] 為 2
繪製╳

更新畫布，重新繪製

在滑鼠點擊時執行的函數
將 shirushi 宣告為全域變數
點選棋格之後，將該棋格
的索引值代入變數 mx 與 my
當 mx 超過 2 就設定為 2
當 my 超過 2 就設定為 2
當棋格的值為 0（空白）
將值設定為 1，再配置○
讓 shirushi 的值遞增 1

接續下一頁

```
37          masume()                                   繪製棋盤
38          time.sleep(0.5)                            暫停 0.5 秒
39          if shirushi < 9:                           當符號不滿 9 個
40              computer()                             呼叫電腦的處理
41
42  def computer():                                    定義電腦配置×的函數
43      global shirushi                                將 shirushi 宣告為全域變數
44      while True:                                    讓迴圈無限循環
45          x = random.randint(0, 2)                   將 0、1、2 其中一個數字代入 x
46          y = random.randint(0, 2)                   將 0、1、2 其中一個數字代入 y
47          if masu[y][x] == 0:                        假設該棋格為空白
48              masu[y][x] = 2                         將 masu[y][x] 的值設定為 2 再配置 x
49              shirushi = shirushi + 1                讓 shirushi 的值遞增 1
50              masume()                               繪製棋盤
51              time.sleep(0.5)                        暫停 0.5 秒
52              break                                  脫離無限迴圈
53
54  root = tkinter.Tk()                                建立視窗物件
55  root.title("井字遊戲")                              指定視窗標題
56  root.resizable(False, False)                       禁止調整視窗大小
57  root.bind("<Button>", click)                       指定在點擊滑鼠左鍵時執行
                                                       的函數
58  cvs = tkinter.Canvas(width=600, height=600, bg="white")  建立畫布元件
59  cvs.pack()                                         在視窗配置畫布
60  masume()                                           呼叫繪製棋盤的函數
61  root.mainloop()                                    執行視窗處理
```

圖 5-4-2　執行結果

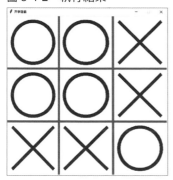

在 masume() 函數的第 26 行新增的 cvs.**update()** 是更新畫布狀態，立刻在視窗顯示圖形、圖片、字串的命令。雖然沒有這個命令也沒關係，但在不斷更新畫面或是使用 sleep() 命令的時候使用這個命令，就能讓圖片正常地顯示。

與上一個程式較為不同的部分是 click() 函數的第 36 ～ 40 行。玩家配置○之後，讓計算符號總數的變數 shirushi 遞增 1 與繪製棋盤，再利用 **sleep()** 暫停 0.5 秒。假設 shirushi 小於 9，就呼叫 computer() 函數，讓電腦配置 ╳。

sleep() 是於 time 模組內建的函數，可讓程式依照參數設定的秒數暫停。如果利用這個函數讓程式長時間暫停，看起來就像是視窗當掉，所以最好不要讓程式長時間暫停，而這次也為了避免這個問題只暫停了 0.5 秒。

》》 關於 computer() 函數

電腦會在空白的棋格隨機配置╳。這個棋格是利用 random 模組產生的亂數決定。在此針對於第 42 ～ 52 行程式碼定義的 computer() 函數説明。

```
def computer():
    global shirushi
    while True:
        x = random.randint(0, 2)
        y = random.randint(0, 2)
        if masu[y][x] == 0:
            masu[y][x] = 2
            shirushi = shirushi + 1
            masume()
            time.sleep(0.5)
            break
```

這個處理會將亂數代入變數 x 與 y，再確認 masu[y][x] 是否為空白。此外，主要是利用 while True 的方式尋找空白的棋格，尋找的流程如下。

圖 5-4-3　尋找空白棋格

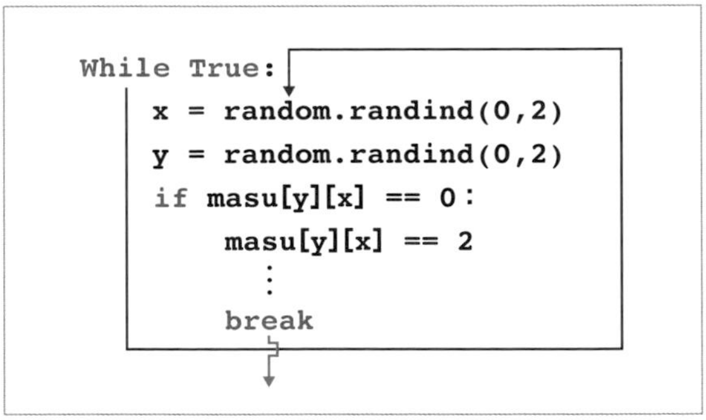

```
While True:
    x = random.randind(0,2)
    y = random.randind(0,2)
    if masu[y][x] == 0:
        masu[y][x] == 2
            ⋮
        break
```

將 while 的迴圈條件式設定為 True，就會不斷執行處理（紅色箭頭線的部分）。將亂數代入變數 x、y，再利用 if 條件式確認 masu[y][x] 是否為 0，假設為 0，代表該棋格是空白的，所以將 2 代入 masu[y][x] 再配置 x，然後利用 break 脫離迴圈（藍色箭頭線的部分），進行下一步。

這部分已在第 3 章的猜拳遊戲使用過，也就是讓玩家輸入 0、1、2 其中一個數字的處理。在使用這個方法時要注意的是，**千萬要能脫離 while True 這個無限迴圈**。

如果在所有棋格都有符號的狀態進入這個 while True 處理，迴圈就會不斷地執行。
所以只在 shirushi<9 的時候呼叫 computer()。

》》如果連續點擊的話⋯

假設執行這個程式之後，一邊讓滑鼠游標在視窗之內不斷移動，一邊不斷地點擊滑鼠左鍵，就有可能會連續配置兩個○，無法輪流下棋，所以下一節會追加 if 條件式，修正這個問題。

Lesson 5-5 判斷符號是否連成一線

接著要撰寫的是判斷〇或╳是否在垂直、水平與傾斜的方向連成一線的處理。

取得二維列表的值

以下圖為例，當左側的一欄都是〇，masu[0][0]、masu[1][0]、masu[2][0] 的值都會是 1。

圖 5-5-1　左欄都為〇的情況

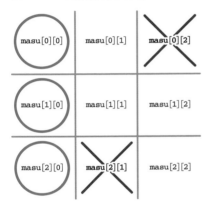

而這部分可使用 if masu[0][0]==1 and masu[1][0]==1 and masu[2][0]==1 這種 if 條件式判斷。由於╳的值為 2，所以當左欄都為╳的時候，可利用 if masu[0][0]==2 and masu[1][0]==2 and masu[2][0]==2 的條件式判斷。

利用迴圈快速判斷

由於棋盤是 3×3 的大小，所以要判斷符號是否在垂直方向連成一線，需要三個剛剛的 if 條件式，水平方向的判斷也需要三個 if 條件式，而且還要判斷左上到右下與右上到左下這兩個傾斜方向的狀況，所以光是要判斷〇是否連成一線，就需要 3+3+2=8 個 if 條件式，╳的部分也需要一樣多的 if 條件式，所以總共需要 8×2=16 個 if 條件式。筆者覺得剛開始學習遊戲開發的讀者不需要想得太複雜，直接寫出 16 個 if 條件式也無所謂，如果是已經有程式設計基礎知識的讀者，或是已經能寫出迷你遊戲的讀者，則可以想想看，有沒有更有效率的判斷方式。

接下來介紹的程式是透過迴圈依序判斷○或╳是否連成一線，讓 if 條件式減少至 8 個。

》》》在標題列顯示結果

下列的程式算是在製作過程的一次檢視，會在○或╳連成一線時，在標題列顯示「～連成一線了」的訊息。請試著執行下列的程式，確認執行結果。

程式 5-5-1 ▶ list5_5.py　※新增的程式碼會以螢光筆標記。

1　import tkinter	載入 tkinter 模組
2　import random	載入 random 模組
3　import time	載入 time 模組
4	
5　masu = [	管理棋盤的二維列表
6　　　[0, 0, 0],	
7　　　[0, 0, 0],	
8　　　[0, 0, 0]	
9　]	
10　shirushi = 0	計算符號總數的變數
11　kachi = 0	管理勝負方的變數
12	
13　def masume():	定義繪製棋盤的函數
14　省略（這個函數的處理與前一個程式相同）	省略
：　　　　：	：
：　　　　：	：
29　def click(e):	在按下滑鼠左鍵時觸發的函數
30　　　global shirushi	將 shirushi 宣告為全域變數
31　　　if shirushi==1 or shirushi==3 or shirushi==5 or shirushi==7:	假設 shirushi 的值為 1、3、5、7
32　　　　　return	脫離這個函數
33　　　mx = int(e.x/200)	將點選的棋格的索引值
34　　　my = int(e.y/200)	代入變數 mx 與 my
35　　　if mx>2: mx = 2	當 mx 超過 2 就設定為 2
36　　　if my>2: my = 2	當 my 超過 2 就設定為 2
37　　　if masu[my][mx] == 0:	假設這個棋格的值為 0（空白）
38　　　　　masu[my][mx] = 1	將值設定為 1 再配置○
39　　　　　shirushi = shirushi + 1	讓 shirushi 的值遞增 1
40　　　　　masume()	繪製棋盤
41　　　　　time.sleep(0.5)	暫停 0.5 秒
42　　　　　hantei()	呼叫 hantei()
43　　　　　if shirushi < 9:	當 shirushi 的值小於 9
44　　　　　　　computer()	呼叫電腦的處理
45	
46　def computer():	定義電腦配置╳的函數
47　　　global shirushi	將 shirushi 宣告為全域變數
48　　　while True:	讓迴圈無限循環
49　　　　　x = random.randint(0, 2)	將 0、1、2 其中一個數字代入 x
50　　　　　y = random.randint(0, 2)	將 0、1、2 其中一個數字代入 y
51　　　　　if masu[y][x] == 0:	假設該棋格為空白
52　　　　　　　masu[y][x] = 2	將 masu[y][x] 的值設定為 2 再配置 x
53　　　　　　　shirushi = shirushi + 1	讓 shirushi 的值遞增 1
54　　　　　　　masume()	繪製棋盤
55　　　　　　　time.sleep(0.5)	暫停 0.5 秒
56　　　　　　　hantei()	呼叫 hantei()
57　　　　　　　break	脫離無限迴圈
58	

```python
59  def hantei():
60      global kachi
61      kachi = 0
62      for n in range(1, 3):
63          # 判斷符號是否於垂直方向連成一線
64          if masu[0][0]==n and masu[1][0]==n and masu[2][0]==n:
65              kachi = n
66          if masu[0][1]==n and masu[1][1]==n and masu[2][1]==n:
67              kachi = n
68          if masu[0][2]==n and masu[1][2]==n and masu[2][2]==n:
69              kachi = n
70          # 判斷符號是否於水平方向連成一線
71          if masu[0][0]==n and masu[0][1]==n and masu[0][2]==n:
72              kachi = n
73          if masu[1][0]==n and masu[1][1]==n and masu[1][2]==n:
74              kachi = n
75          if masu[2][0]==n and masu[2][1]==n and masu[2][2]==n:
76              kachi = n
77          # 判斷符號是否於傾斜方向連成一線
78          if masu[0][0]==n and masu[1][1]==n and masu[2][2]==n:
79              kachi = n
80          if masu[0][2]==n and masu[1][1]==n and masu[2][0]==n:
81              kachi = n
82      if kachi == 1:
83          root.title("○連成一線了")
84      if kachi == 2:
85          root.title("×連成一線了")
86
87  root = tkinter.Tk()
88  root.title("井字遊戲")
89  root.resizable(False, False)
90  root.bind("<Button>", click)
91  cvs = tkinter.Canvas(width=600, height=600, bg="white")
92  cvs.pack()
93  masume()
94  root.mainloop()
```

定義判斷符號是否連成一線的函數
將 kachi 宣告為全域變數
將 0 代入 kachi
迴圈 n 的值會從 1 變化為 2

判斷符號是否在垂直方向
連成一線

判斷符號是否在水平方向
連成一線

判斷符號是否在傾斜方向
連成一線

假設 kachi 的值為 1
在標題列顯示「○連成一線了」
假設 kachi 的值為 2
在標題列顯示「×連成一線了」

建立視窗物件
指定視窗標題
禁止調整視窗大小
指定在點擊滑鼠左鍵時執行的函數
建立畫布元件
在視窗配置畫布
呼叫繪製棋盤的函數
執行視窗處理

圖 5-5-2　執行結果

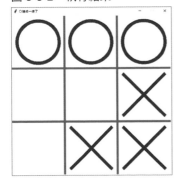
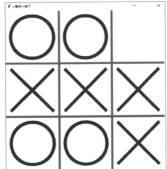

143

第 59 ～ 85 行定義了判斷○或×連成一線的 hantei() 函數。在此針對這個函數説明。

```python
def hantei():
    global kachi
    kachi = 0
    for n in range(1, 3):
        # 判斷符號是否於垂直方向連成一線
        if masu[0][0]==n and masu[1][0]==n and masu[2][0]==n:
            kachi = n
        if masu[0][1]==n and masu[1][1]==n and masu[2][1]==n:
            kachi = n
        if masu[0][2]==n and masu[1][2]==n and masu[2][2]==n:
            kachi = n
        # 判斷符號是否於水平方向連成一線
        if masu[0][0]==n and masu[0][1]==n and masu[0][2]==n:
            kachi = n
        if masu[1][0]==n and masu[1][1]==n and masu[1][2]==n:
            kachi = n
        if masu[2][0]==n and masu[2][1]==n and masu[2][2]==n:
            kachi = n
        # 判斷符號是否於傾斜方向連成一線
        if masu[0][0]==n and masu[1][1]==n and masu[2][2]==n:
            kachi = n
        if masu[0][2]==n and masu[1][1]==n and masu[2][0]==n:
            kachi = n
    if kachi == 1:
        root.title("○連成一線了")
    if kachi == 2:
        root.title("×連成一線了")
```

這個函數的 kachi 是管理○與×何者獲勝的變數。當○連成一線（玩家獲勝的時候），將 kachi 設定為 1，當×連成一線（電腦獲勝的時候），將 kachi 設定為 2。第 11 行程式碼則將這個變數宣告為全域變數。之所以宣告為全域變數，是因為會在後續的 5-6 建立判斷勝負的函數，而這個函數也會使用 kachi 這個值。

hantei() 函數是以 if masu[0][0]==n and masu[1][0]==n and masu[2][0]==n 這 8 個 if 條件式判斷符號是否在垂直、水平、傾斜其中一個方向連成一線。○的值為 1，×的值為 2，所以利用 for n in range(1,3) 的迴圈讓 n 值從 1 遞增為 2。利用 n 值判斷，就能以相同的 if 條件式完成○與×是否連成一線的判斷。

當 if 條件式成立，就會在○連成一線的時候將 kachi 設定為 1，或是在×連成一線的時候將 kachi 設定為 2，當 kachi 為 1，就以 root.title(" ○連成一線了 ") 在標題列顯示結果，若 kachi 為 2，則以 root.title("×連成一線了 ") 顯示結果。

假設〇與×都連成一線，只會在標題列顯示「×連成一線了」，但最終會將程式寫成某一方連成一線就讓遊戲結束的內容，所以這時候不用太在意這個問題。

>>> 修正連續輸入的問題

前一節的程式有連按滑鼠左鍵，連續輸入的問題，所以這次在 click() 函數追加了下列的 if 條件式，修正這個問題。

```
if shirushi==1 or shirushi==3 or shirushi==5 or shirushi==7:
    return
```

電腦會在符號總數為 1、3、5、7 的時候配置×，所以利用 if 條件式的 return 結束 click() 函數的處理，避免玩家連續輸入〇。

可以判斷哪個符號連成一線了！
一開始我覺得很難，但我應該知道以〇為1、×為2的方式管理棋盤，取得列表的值，再判斷符號是否連成一線的原理了。

第一次挑戰遊戲開發就能了解這個原理，真的很棒呢。

不過我自己的話，絕對想不到以for迴圈依序判斷〇與×連成一線的方法。

一開始先了解程式的全貌就好，因為程式設計學得越久，就會學到越多技巧喲。

嗯，真的是這樣啊！

嗯，所以不用太著急，慢慢學就好。這個遊戲快完成了，我們再加把勁吧！

完成這個遊戲

這一節要顯示勝負結果,讓這個遊戲成為真正的遊戲。

》》》 遊戲結束時的處理

Lesson 5-4 建立了計算符號總數的 shirushi 變數,而這次要利用這個變數值管理遊戲結束的部分。

假設〇與×都沒連成一線,所有的棋格也都填滿了〇或×,shirushi 的值就會是 9,此時可顯示「平手」,假設〇或×在途中連成一線,就代表分出勝負,在 Lesson 5-5 建立的 kachi 變數就會是 1 或 2,此時可顯示玩家勝利或是電腦勝利,然後為了結束遊戲將 9 代入 shirushi。

此外,這次還要在 shirushi 的值為 9 的時候點選視窗,讓遊戲從頭開始。請確認具有上述處理的程式。

程式 5-6-1 ▶ list5_6.py　※ 新增的程式碼會以螢光筆標記。

```
1   import tkinter
2   import random
3   import time
4
5   masu = [
6       [0, 0, 0],
7       [0, 0, 0],
8       [0, 0, 0]
9   ]
10  shirushi = 0
11  kachi = 0
12  FNT = ("Times New Roman", 60)
13
14  def masume():
15      cvs.delete("all")
16      for i in range(1, 3):
17          cvs.create_line(200*i, 0, 200*i, 600, fill="gray", width=8)
18          cvs.create_line(0, i*200, 600, i*200, fill="gray", width=8)
19      for y in range(3):
20          for x in range(3):
21              X = x * 200
22              Y = y * 200
23              if masu[y][x] == 1:
24                  cvs.create_oval(X+20, Y+20, X+180, Y+180, outline="blue", width=12)
25              if masu[y][x] == 2:
26                  cvs.create_line(X+20, Y+20, X+180,
```

	載入 tkinter 模組
	載入 random 模組
	載入 time 模組
	┐管理棋盤的二維列表
	計算符號總數的變數
	管理勝負方的變數
	字型定義
	定義繪製棋盤的函數
	清除畫布的內容
	利用迴圈
	繪製直線
	繪製橫線
	雙重迴圈的外側 for 迴圈
	雙重迴圈的內側 for 迴圈
	┐計算繪製〇或×的座標
	假設 masu[y][x] 為 1
	繪製〇
	假設 masu[y][x] 為 2
	繪製×

```python
27  fill="red", width=12)
                    cvs.create_line(X+180, Y+20, X+20, Y+180,
    fill="red", width=12)
28      if shirushi == 0:
29          cvs.create_text(300, 300, text="遊戲開始！",
    fill="navy", font=FNT)
30      cvs.update()
31
32  def click(e):
33      global shirushi
34      if shirushi == 9:
35          replay()
36          return
37      if shirushi==1 or shirushi==3 or shirushi==5 or
    shirushi==7:
38          return
39      mx = int(e.x/200)
40      my = int(e.y/200)
41      if mx>2: mx = 2
42      if my>2: my = 2
43      if masu[my][mx] == 0:
44          masu[my][mx] = 1
45          shirushi = shirushi + 1
46          masume()
47          time.sleep(0.5)
48          hantei()
49          syouhai()
50          if shirushi < 9:
51              computer()
52
53  def computer():
54      global shirushi
55      while True:
56          x = random.randint(0, 2)
57          y = random.randint(0, 2)
58          if masu[y][x] == 0:
59              masu[y][x] = 2
60              shirushi = shirushi + 1
61              masume()
62              time.sleep(0.5)
63              hantei()
64              syouhai()
65              break
66
67  def hantei():
68  省略（這個函數的處理與前面的程式相同）
 :
 :
91  def syouhai():
92      global shirushi
93      if kachi == 1:
94          cvs.create_text(300, 300, text="玩家獲勝！",
    font=FNT, fill="cyan")
95          shirushi = 9
96      if kachi == 2:
97          cvs.create_text(300, 300, text="電腦\n獲勝！",
    font=FNT, fill="gold")
```

假設 shirushi 的值為 0
顯示「遊戲開始！」

更新畫布，立刻開始繪製

在按下滑鼠左鍵時觸發的函數
將 shirushi 宣告為全域變數
當 shirushi 值為 9
呼叫讓遊戲重新開始的 replay()
脫離這個函數
假設 shirushi 的值為 1、3、5、7

脫離這個函數
將點選的棋格的索引值
代入變數 mx 與 my
當 mx 超過 2 就設定為 2
當 my 超過 2 就設定為 2
假設這個棋格的值為 0（空白）
將值設定為 1 再配置○
讓 shirushi 的值遞增 1
繪製棋盤
暫停 0.5 秒
呼叫 hantei()
呼叫 syouhai()
當 shirushi 的值小於 9
呼叫電腦的處理

定義電腦配置✕的函數
將 shirushi 宣告為全域變數
讓迴圈無限循環
將 0、1、2 其中一個數字代入 x
將 0、1、2 其中一個數字代入 y
假設該棋格為空白
將 masu[y][x] 的值設定為 2 再配置 x
讓 shirushi 的值遞增 1
繪製棋盤
暫停 0.5 秒
呼叫 hantei()
呼叫 syouhai()
脫離無限迴圈

定義判斷符號是否連成一線的函數
省略

定義顯示勝負的函數
將 shirushi 宣告為全域變數
假設 kachi 的值為 1
顯示「玩家獲勝！」

將 shirushi 設定為 9
假設 kachi 的值為 2
顯示「電腦獲勝！」

接續下一頁

```
98           shirushi = 9
99       if kachi == 0 and shirushi == 9:
100          cvs.create_text(300, 300, text="平手", font=FNT,
fill="lime")
101
102  def replay():
103      global shirushi
104      shirushi = 0
105      for y in range(3):
106          for x in range(3):
107              masu[y][x] = 0
108      masume()
109
110  root = tkinter.Tk()
111  root.title("井字遊戲")
112  root.resizable(False, False)
113  root.bind("<Button>", click)
114  cvs = tkinter.Canvas(width=600, height=600, bg="white")
115  cvs.pack()
116  masume()
117  root.mainloop()
```

	將 shirushi 設定為 9
	假設 kachi 為 0，shirushi 為 9
	顯示「平手」
	定義讓遊戲從頭開始的函數
	將 shirushi 宣告為全域變數
	將 0 代入 shirushi
	利用雙重迴圈
	將所有的棋格的值
	設定為 0
	繪製棋盤
	建立視窗物件
	指定視窗標題
	禁止調整視窗大小
	指定在點擊滑鼠左鍵時執行的函數
	建立畫布元件
	在視窗配置畫布
	呼叫繪製棋盤的函數
	執行視窗處理

圖 5-6-1　執行結果

第 91 ～ 100 行定義了顯示勝方或平手的 syouhai() 函數。這個函數會在利用 hantei()
函數判斷玩家配置〇，以及判斷〇是否連成一線之後，於第 49 行呼叫，也會在電腦配
置╳與判斷╳是否連成一線之後，在第 64 行呼叫。

hantei() 函數會在〇連成一線的時候，將 kachi 的值設定為 1，或是在╳連成一線的
時候，將 kachi 的值設定為 2。syouhai() 函數會在 kachi 為 1 的時候顯示「玩家獲
勝！」再將 9 代入 shirushi，並在 kachi 為 2 的時候顯示「電腦（換行）獲勝！」再
將 9 代入 shirushi。假設 kachi 為 0，shirushi 為 9，代表〇與╳都未連成一線，所
以顯示「平手」。

顯示「電腦\n獲勝！」的時候，
利用換行字元讓字串換行了耶。

換行字元除了可在 print() 命令使用，也可以在
create_text() 這個在畫布顯示字串的命令使用喲。

》》》 讓遊戲重新開始的部分

為了在遊戲結束後點選視窗，重新開始遊戲，click 函數追加了下列的 if 條件式。

```
if shirushi == 9:
    replay()
    return
```

於此時呼叫的 replay() 函數是在第 102 ～ 108 行定義。replay() 函數會將 masu[][] 的
所有元素設定為 0，讓棋盤回復空白的狀態。

》》》 電腦太弱

遊戲雖然可以玩了，但電腦太弱，玩家幾乎不可能會輸。會這樣是因為電腦是隨機配
置×，所以下一節要幫電腦撰寫思考邏輯，讓電腦變得強一點。

接著要替電腦撰寫思考邏輯的程式，讓電腦變得更強。

>>> 利用哪種演算法讓電腦變強？

讓我們想想看，該怎麼做才能讓電腦變強，而且也想一想，如果是與另一位玩家對戰，對方會怎麼思考。大部分的人應該都會選擇這樣下棋才對。

①如果可以連成一線，就會在最後一格下棋，贏得比賽。
②如果對方準備連成一線，就會在對方的最後一格下棋，阻止對方贏得比賽。

假設同時遇到②與①的情況，絕對不會故意以②的方式下棋。如果能讓電腦依照①與②的規則下棋，電腦絕對會比隨機亂下的時候強。要讓電腦照著①與②的規則下棋，必須完成下列步驟。

- 調查所有的棋格，尋找配置 ✕ 的位置，讓電腦獲勝。
- 如果有上述的棋格，就在該棋格配置 ✕，讓電腦獲勝。
- 如果沒有上述的棋格，就再次調查所有的棋格，找找看有沒有放了〇，電腦就會輸（〇連成一線代表玩家獲勝）的棋格。
- 如果有上述的棋格，就在該棋格放 ✕，阻止玩家獲勝。
- 如果上述兩種棋格都不存在，就隨機配置 ✕。

下列的程式具備上述的思考邏輯。這種思考邏輯是很優秀的演算法，或許現階段有些人會覺得這種程式很困難，但請大家抱著了解整體輪廓的心情，確認程式的內容與執行結果吧。

>>> 確認思考邏輯

接著要確認具備上述演算法的程式。完成版井字遊戲的檔案名稱為 sanmoku_narabe.py。請大家先執行看看，再為大家說明這次是如何撰寫電腦的邏輯的。

程式 5-7-1 ► sanmoku_narabe.py　※ 新增的程式碼會以螢光筆標記。

```
1   import tkinter
2   import random
3   import time
4
5   masu = [
6       [0, 0, 0],
7       [0, 0, 0],
8       [0, 0, 0]
9   ]
10  shirushi = 0
11  kachi = 0
12  FNT = ("Times New Roman", 60)
13
14  def masume():
15      cvs.delete("all")
16      for i in range(1, 3):
17          cvs.create_line(200*i, 0, 200*i, 600, fill="gray", width=8)
18          cvs.create_line(0, i*200, 600, i*200, fill="gray", width=8)
19      for y in range(3):
20          for x in range(3):
21              X = x * 200
22              Y = y * 200
23              if masu[y][x] == 1:
24                  cvs.create_oval(X+20, Y+20, X+180, Y+180, outline="blue", width=12)
25              if masu[y][x] == 2:
26                  cvs.create_line(X+20, Y+20, X+180, Y+180, fill="red", width=12)
27                  cvs.create_line(X+180, Y+20, X+20, Y+180, fill="red", width=12)
28      if shirushi == 0:
29          cvs.create_text(300, 300, text="遊戲開始！", fill="navy", font=FNT)
30      cvs.update()
31
32  def click(e):
33      global shirushi
34      if shirushi == 9:
35          replay()
36          return
37      if shirushi==1 or shirushi==3 or shirushi==5 or shirushi==7:
38          return
39      mx = int(e.x/200)
40      my = int(e.y/200)
41      if mx>2: mx = 2
42      if my>2: my = 2
43      if masu[my][mx] == 0:
44          masu[my][mx] = 1
45          shirushi = shirushi + 1
46          masume()
47          time.sleep(0.5)
48          hantei()
49          syouhai()
50          if shirushi < 9:
51              computer()
```

說明欄：載入 tkinter 模組／載入 random 模組／載入 time 模組／管理棋盤的二維列表／計算符號總數的變數／管理勝負方的變數／字型定義／定義繪製棋盤的函數／清除畫布的內容／利用迴圈／繪製直線／繪製橫線／雙重迴圈的外側 for 迴圈／雙重迴圈的內側 for 迴圈／計算繪製○或 × 的座標／假設 masu[y][x] 為 1／繪製○／假設 masu[y][x] 為 2／繪製×／假設 shirushi 的值為 0／顯示「遊戲開始！」／更新畫布，立刻開始繪製／在按下滑鼠左鍵時觸發的函數／將 shirushi 宣告為全域變數／當 shirushi 的值為 9／呼叫讓遊戲重新開始的 replay()／脫離這個函數／假設 shirushi 的值為 1、3、5、7／脫離這個函數／將點選的棋格的索引值代入變數 mx 與 my／當 mx 超過 2 就設定為 2／當 my 超過 2 就設定為 2／假設這個棋格的值為 0(空白)／將值設定為 1 再配置○／讓 shirushi 的值遞增 1／繪製棋盤／暫停 0.5 秒／呼叫 hantei()／呼叫 syouhai()／當 shirushi 的值小於 9／呼叫電腦的處理

接續下一頁

52	`        masume()`	繪製棋盤
53	`        time.sleep(0.5)`	暫停 0.5 秒
54	`        hantei()`	呼叫 hantei()
55	`        syouhai()`	呼叫 syouhai()
56		
57	`def computer():`	定義電腦配置╳的函數
58	`    global shirushi`	將 shirushi 宣告為全域變數
59	`    # 有沒有連成一線的符號`	┌ 調查有無╳連成一線的
60	`    for y in range(3):`	棋格，如果有，就在該棋
61	`        for x in range(3):`	格配置╳
62	`            if masu[y][x] == 0:`	
63	`                masu[y][x] = 2`	
64	`                hantei()`	
65	`                if kachi==2:`	
66	`                    shirushi = shirushi + 1`	
67	`                    return`	
68	`                masu[y][x] = 0`	└
69	`    # 阻止玩家連成一線`	
70	`    for y in range(3):`	┌ 調查有無讓○連成一線的
71	`        for x in range(3):`	棋格，如果有，就在該棋
72	`            if masu[y][x] == 0:`	格配置○
73	`                masu[y][x] = 1`	
74	`                hantei()`	
75	`                if kachi==1:`	
76	`                    masu[y][x] = 2`	
77	`                    shirushi = shirushi + 1`	
78	`                    return`	
79	`                masu[y][x] = 0`	└
80	`    while True:`	讓迴圈無限循環
81	`        x = random.randint(0, 2)`	將 0、1、2 其中一個數字代入 x
82	`        y = random.randint(0, 2)`	將 0、1、2 其中一個數字代入 y
83	`        if masu[y][x] == 0:`	假設該棋格為空白
84	`            masu[y][x] = 2`	將 masu[y][x] 的值設定為 2 再配置 x
85	`            shirushi = shirushi + 1`	讓 shirushi 的值遞增 1
86	`            break`	脫離無限迴圈
87		
88	`def hantei():`	定義判斷符號是否連成一線的函數
89	`    global kachi`	將 kachi 宣告為全域變數
90	`    kachi = 0`	將 0 代入 kachi
91	`    for n in range(1, 3):`	迴圈　n 值會從 1 遞增至 2
92	`        # 判斷垂直方向是否連成一線`	
93	`        if masu[0][0]==n and masu[1][0]==n and masu[2][0]==n:`	┌ 判斷垂直方向是否連成一線
94	`            kachi = n`	
95	`        if masu[0][1]==n and masu[1][1]==n and masu[2][1]==n:`	
96	`            kachi = n`	
97	`        if masu[0][2]==n and masu[1][2]==n and masu[2][2]==n:`	
98	`            kachi = n`	└
99	`        # 判斷水平方向是否連成一線`	
100	`        if masu[0][0]==n and masu[0][1]==n and masu[0][2]==n:`	┌ 判斷水平方向是否連成一線
101	`            kachi = n`	
102	`        if masu[1][0]==n and masu[1][1]==n and masu[1][2]==n:`	
103	`            kachi = n`	
104	`        if masu[2][0]==n and masu[2][1]==n and masu[2][2]==n:`	
105	`            kachi = n`	└
106	`        # 判斷傾斜方向是否連成一線`	

```
107         if masu[0][0]==n and masu[1][1]==n and masu[2][2]==n:
108             kachi = n
109         if masu[0][2]==n and masu[1][1]==n and masu[2][0]==n:
110             kachi = n
111
112 def syouhai():
113     global shirushi
114     if kachi == 1:
115         cvs.create_text(300, 300, text="玩家獲勝！", font=FNT,
    fill="cyan")
116         shirushi = 9
117     if kachi == 2:
118         cvs.create_text(300, 300, text="電腦\n獲勝！",
    font=FNT, fill="gold")
119         shirushi = 9
120     if kachi == 0 and shirushi == 9:
121         cvs.create_text(300, 300, text="平手", font=FNT,
    fill="lime")
122
123 def replay():
124     global shirushi
125     shirushi = 0
126     for y in range(3):
127         for x in range(3):
128             masu[y][x] = 0
129     masume()
130
131 root = tkinter.Tk()
132 root.title("井字遊戲")
133 root.resizable(False, False)
134 root.bind("<Button>", click)
135 cvs = tkinter.Canvas(width=600, height=600, bg="white")
136 cvs.pack()
137 masume()
138 root.mainloop()
```

判斷傾斜方向是否連成一線

定義顯示勝負的函數
將 shirushi 宣告為全域變數
假設 kachi 的值為 1
顯示「玩家獲勝！」

將 shirushi 設定為 9
假設 kachi 的值為 2
顯示「電腦獲勝！」

將 shirushi 設定為 9
假設 kachi 為 0，shirushi 為 9
顯示「平手」

定義讓遊戲從頭開始的函數
將 shirushi 宣告為全域變數
將 0 代入 shirushi
利用雙重迴圈
將所有的棋格的值
設定為 0
繪製棋盤

建立視窗物件
指定視窗標題
禁止調整視窗大小
指定在點擊滑鼠左鍵時執行的函數
建立畫布元件
在視窗配置畫布
呼叫繪製棋盤的函數
執行視窗處理

表 5-7-1　主要列表與變數

masu[][]	管理 3×3 的棋盤
shirushi	計算棋盤之中有幾個符號
kachi	判斷玩家還是電腦獲勝

圖 5-7-1　執行結果

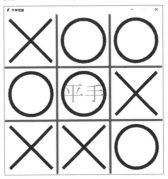

請多玩幾次，看看電腦會在哪裡配置×。應該不難發現電腦比之前聰明了一點。接著讓我們針對 computer() 函數說明剛剛撰寫的思考邏輯。

```
def computer():
    global shirushi
    # 有沒有連成一線的符號

    for y in range(3):
        for x in range(3):
            if masu[y][x] == 0:
                masu[y][x] = 2
                hantei()
                if kachi==2:
                    shirushi = shirushi + 1
                    return
                masu[y][x] = 0

    # 阻止玩家連成一線

    for y in range(3):
        for x in range(3):
            if masu[y][x] == 0:
                masu[y][x] = 1
                hantei()
                if kachi==1:
                    masu[y][x] = 2
                    shirushi = shirushi + 1
                    return
                masu[y][x] = 0

    while True:
        x = random.randint(0, 2)
        y = random.randint(0, 2)
        if masu[y][x] == 0:
            masu[y][x] = 2
            shirushi = shirushi + 1
            break
```

水藍色的部分是配置╳之後,確認垂直、水平、傾斜方向之中,有沒有能連成一線的棋格,如果有,就於該棋格配置╳的處理。利用雙重迴圈找到空白的棋格(masu[y][x] 為 0)之後,將該棋格設定為 2,再利用 hantei() 函數確認是否連成一線。假設╳連成一線,kachi 就會為 2,此時會讓 shirushi 的值遞增 1,再利用 return 結束函數的處理,然後將該棋格設定為配置╳的狀態。如果沒有連成一線,就刪除剛剛配置的╳(masu[y][x]=0),再尋找其他的棋格。

如果在水藍色的部分沒有找到×連成一線的棋格，就進入粉紅色區塊的處理。這部分的雙重迴圈會在配置○之後，尋找○連成一線的棋格，如果找到的話，在該棋格配置×，接著讓 shirushi 的值遞增 1，再利用 return 結束函數的處理。

若是在粉紅色區塊沒找到配置×的棋格，就進入黃色區塊的處理。這部分是在空白棋格隨機配置×的處理，也就是直到前一節之前介紹的內容。

>>> 重複使用 hantei() 函數

computer() 函數的水藍色與粉紅色部分是這次新增的思考邏輯。這兩個區塊都利用雙重 for 迴圈確認所有棋格，尋找該配置×的位置，而判斷該不該配置×的處理是hantei() 函數。這個思考邏輯其實沒有做什麼特別的處理，只進行了

- 確認所有棋格
- 使用已經寫好的 **hantei()** 函數

這兩項處理，流程一點都不複雜。

>>> 追加思考邏輯之後，新增的其他變動

這次因為追加了思考邏輯，所以在 computer() 函數的兩個部分追加了 return。電腦若是找到該配置×的棋格，就能會利用 return 結束 computer() 的處理，所以才將程式改寫成在 click() 函數之內呼叫 computer() 之後，依照 masume() → time.sleep(0.5) → hantei() → syouhai() 的順序，執行這四個函數。截至前一版的程式之前，這四個函數都寫在 computer() 之內。

>>> 遊戲的 AI

遊戲軟體的思考邏輯常被稱為遊戲 AI 或遊戲專用 AI，而 AI 則是人工智慧的意思。這次撰寫的井字遊戲思考邏輯可説是初階的人工智慧。
隨著深度學習這類新技術登場，這類最先進的人工智慧也蔚為話題，但大部分的遊戲專用 AI 都是利用各種計算組成，或是使用了歷史悠久的手法，所以不需要撰寫多高階的程式，也能寫出實用的 AI。
第 6 章製作的翻牌配對遊戲以及第 7 章製作的黑白棋，都會特別為電腦撰寫思考邏輯所需的演算法。

電腦真的變聰明了。
我原本以為思考邏輯的程式會很難寫，沒想到只是
利用 for 或 if 將人類的思考邏輯寫成程式而已。

沒錯，這個思考邏輯就只是將人類的思考寫成
程式而已，不過，也有透過與人類思考模式完
全不同的手法替電腦建立思考邏輯的情況喲。

真的啊。
不過我沒辦法想像那是什麼方法。

第 7～8 章製作的黑白棋會撰寫電腦才有
的思考邏輯，透過這個練習就能學到這
個方法囉。

那我一定要好好學！

試著在圖片花點心思

剛剛完成的井字遊戲只使用繪製線條與圓圈的命令繪製圖形，所以畫面顯得比較
單調。這個專欄則要介紹讓遊戲畫面變得精緻一點的方法。

從書籍支援網頁下載檔案之後，「Chapter5」資料夾中有一個名為「sanmoku_
narabe_kai.py」的程式，這個程式改良了 sanmoku_narabe.py 的 masume()
函數，將遊戲畫面改造成下列的模樣。

圖 5-C-1　執行結果

程式變更的部分如下。

程式 5-C-1 ▶ sanmoku_narabe_kai.py
　　　※ 於 sanmoku_narabe.py 新增的部分會以螢光筆標記。

```
14  def masume():
15      cvs.delete("all")
16      for i in range(1, 3):
17          n = 200*i
18          cvs.create_line(n, 0, n-10, 200, n+10, 400, n, 600, fill="
    lightgreen", width=8, smooth=True)
19          cvs.create_line(0, n, 200, n-10, 400, n+10, 600, n, fill="
    lightgreen", width=8, smooth=True)
20      for y in range(3):
21          for x in range(3):
22              X = x * 200
23              Y = y * 200
24              if masu[y][x] == 1:
25                  cvs.create_oval(X+40, Y+40, X+160, Y+160, utline="skyblue",
    width=30)
26              if masu[y][x] == 2:
27                  cvs.create_line(X+40, Y+40, X+160, Y+160, fill="pink",
    width=24)
28                  cvs.create_line(X+160, Y+40, X+40, Y+160, fill="pink",
    width=24)
29      if shirushi == 0:
```

接續下一頁

```
30          cvs.create_text(300, 300, text="遊戲開始！", fill="navy",
   font=FNT)
31      cvs.update()
:   :
136 cvs = tkinter.Canvas(width=600, height=600, bg="ivory")
```

在畫布畫線的 create_line() 指定了三個點，再以 smooth=True 這個參考繪製曲
線。有點扭曲的直線與橫線，看起來比較像是手繪的線條。
比起前一版的程式，○與×比較小，線條比較粗，顏色也不一樣，而且還將畫
布的背景色從白色（white）換成象牙白（ivory）。

雖然井字遊戲是只有紙與鉛筆就能玩的
遊戲，但即使是如此簡單的遊戲，也可
以在寫成電腦遊戲的時候，多花一點心
思設計遊戲介面喲。

本章要製作的是撲克牌遊戲之一的「翻牌配對遊戲」。在這一章會學到如何利用列表管理 A 到 K 這十三種撲克牌的花色，並且為電腦撰寫演算法，讓電腦記住翻過的撲克牌，以及努力翻出相同花色的撲克牌。讓我們透過這一章加強程式設計的實力吧！

製作翻牌配對遊戲

Chapter

6

操作圖片檔

接著從翻牌配對遊戲的規則，以及撰寫在螢幕顯示撲克牌的程式開始說明。

>>> 何謂翻牌配對遊戲

翻牌配對遊戲是可供多人一起依照下列玩法進行的遊戲。

一開始先讓一堆撲克牌蓋著，接著每位參賽者隨意翻開兩張撲克牌，此時撲克牌的數字若是一致，就可拿走這兩張撲克牌，而且還能繼續翻兩張撲克牌（只要一直翻到成對的撲克牌，就能一直翻下去）。

假設翻開的撲克牌未能成對，就輪下一個人翻牌。當所有撲克牌都翻完，以取得撲克牌張數最多的人獲勝。假設三個人一起玩，可由撲克牌的張數安排遊戲順序。

圖 6-1-1　翻牌配對遊戲

翻開的撲克牌若是數字相同，就可以拿走，然後繼續翻牌。

如果數字不同，就輪下一個人翻牌。

>>> 準備圖片檔

這次的遊戲會使用撲克牌圖片。

圖片檔放在從支援網站下載的範例檔的「Chapter6」→「card」資料夾之中。

圖 6-1-2　撲克牌的圖片檔

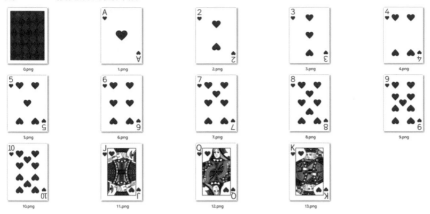

》》》 載入與顯示圖片

這次要從撰寫在視窗配置畫布、載入與顯示撲克牌圖片檔的程式開始。
請輸入下列的程式，再執行與確認執行結果。

程式 6-1-1 ▶ list6_1.py

```
01  import tkinter                                               載入 tkinter 模組
02
03  img = [None]*14                                              載入圖片的列表
04
05  def draw_card():                                             定義顯示撲克牌的函數
06      for i in range(14):                                      迴圈  i 會從 0 遞增至 13
07          x = (i%7)*120+60                                     顯示撲克牌的 X 座標
08          y = int(i/7)*168+84                                  顯示撲克牌的 Y 座標
09          cvs.create_image(x, y, image=img[i])                 顯示撲克牌
10
11  root = tkinter.Tk()                                          建立視窗物件
12  root.title("翻牌配對遊戲")                                    指定視窗標題
13  root.resizable(False, False)                                 禁止調整視窗大小
14  cvs = tkinter.Canvas(width=960, height=672)                  建立畫布元件
15  cvs.pack()                                                   在視窗配置畫布
16  for i in range(14):                                          迴圈  i 會從 0 遞增至 13
17      img[i] = tkinter.PhotoImage(file="card/"+str(i)+".png")  將撲克牌圖片載入 img[i]
18  draw_card()                                                  呼叫 draw_card() 函數
19  root.mainloop()                                              執行視窗處理
```

圖 6-1-3　執行結果

由於會用到很多張圖片檔，所以在第 3 行撰寫 img=[None]*14，建立 img[] 這個列表。**None** 在 Python 代表什麼都沒有的意思，所以第 3 行的程式建立了 14 個空白的箱子。

這次建立了儲存從 A（1）到 K（13）這 13 種撲克牌以及撲克牌背面，共 14 張圖片的列表。

>>> 利用 for 迴圈批次載入圖片

這次利用第 16 ～ 17 行的 for 迴圈將圖片載入 img[] 之中。Python（tkinter）預設是先建立 Canvas 再載入圖片，所以先在第 14 行建立畫布，再執行 PhotoImage() 命令。放在 card 資料夾的圖片是以 0.png ～ 13.png 的連續編號命令，0.png 為撲克牌的背面。這些檔案是以第 17 行的 PhotoImage() 的參數「file="card/"+str(i)+".png"」的方式載入。這裡的 card/ 指的就是 card 資料夾。

str() 是將數值轉換成字串的函數對吧。i 是數字，所以為了讓 i 值與 card/ 與 .png 這兩個字串合併，才使用了 str() 對嗎？

沒錯，你記得很清楚呢！要記得還有將字串與小數轉換成整數的 int()，以及將字串與整數轉換成小數的 float() 喲！

利用列表管理撲克牌

本章製作的翻牌配對遊戲會以列表管理撲克牌的位置。接下來會說明管理方法以及在螢幕顯示 26 張撲克牌。

>>> 關於遊戲介面

翻牌配對遊戲是以兩組的紅心 A（1）到紅心 K（13），共 26 張撲克牌進行的遊戲，遊戲介面如下，這兩組撲克牌則以一維列表管理。

圖 6-2-1　遊戲介面與列表元素編號

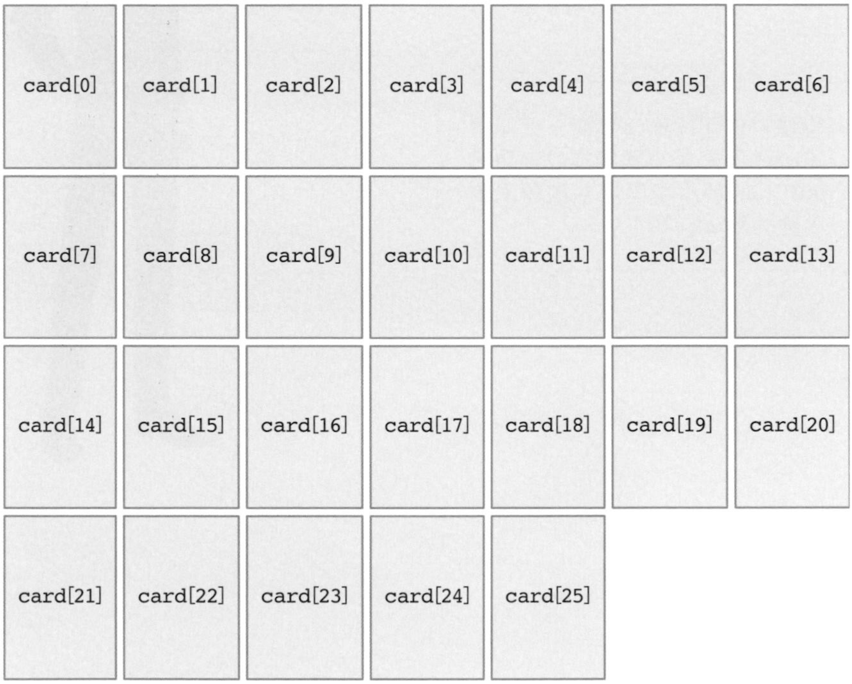

card[0]	card[1]	card[2]	card[3]	card[4]	card[5]	card[6]
card[7]	card[8]	card[9]	card[10]	card[11]	card[12]	card[13]
card[14]	card[15]	card[16]	card[17]	card[18]	card[19]	card[20]
card[21]	card[22]	card[23]	card[24]	card[25]		

>>> 以一維列表管理的用意

或許有人會覺得奇怪「為什麼不利用二維列表管理這些撲克牌？」。以二維列表管理當然也可以，但這個遊戲之所以只用一維列表管理，主要的理由如下。

翻牌配對遊戲是翻開編號 m 與編號 n 的撲克牌，再判斷兩者是否一致的遊戲，所以利用一維列表管理資料，程式會比較簡潔。

另一方面，前一章製作的井字遊戲是讓 m_0 列 n_0 欄與 m_1 列 n_1 欄的棋格比較，所以利用二維列表管理資料，程式才會比較容易閱讀。下一章介紹的黑白棋也是應該以二維列表管理的遊戲。

》》 操作 26 張撲克牌

接著要將撲克牌的編號代入 card[] 這個元素共 26 個的列表，再於視窗顯示撲克牌。card[] 的值會是撲克牌的編號，例如紅心 A 為 1，紅心 2 為 2，紅心 J 為 11，紅心 Q 為 12、紅心 K 為 13。此外，會將撲克牌背面的圖片載入 img[0]，並在 card[] 的值為 0 時顯示撲克牌背面的圖片。

請輸入下列的程式，再執行與確認執行結果。

程式 6-2-1 ▶ list6_2.py　※ 新增的程式碼會以螢光筆標記。

```
01  import tkinter                                          載入 tkinter 模組
02
03  img = [None]*14                                         載入圖片的列表
04  card = [0]*26                                           代入撲克牌編號的列表
05
06  def draw_card():                                        定義顯示撲克牌的函數
07      for i in range(26):                                 迴圈 i 會從 0 遞增至 25
08          x = (i%7)*120+60                                顯示撲克牌的 X 座標
09          y = int(i/7)*168+84                             顯示撲克牌的 Y 座標
10          cvs.create_image(x, y, image=img[card[i]])      顯示撲克牌
11
12  def shuffle_card():                                     定義建立撲克牌的函數
13      for i in range(26):                                 迴圈 i 會從 0 遞增至 25
14          card[i] = 1+i%13                                將 1 至 13 的編號代入 card[]
15
16  root = tkinter.Tk()                                     建立視窗物件
17  root.title("翻牌配對遊戲")                                 指定視窗標題
18  root.resizable(False, False)                            禁止調整視窗大小
19  cvs = tkinter.Canvas(width=960, height=672)            建立畫布元件
20  cvs.pack()                                              在視窗配置畫布
21  for i in range(14):                                     迴圈 i 會從 0 遞增至 13
22      img[i] = tkinter.PhotoImage(file="card/"+str(i)+".png")   將撲克牌圖片載入 img[i]
23  shuffle_card()                                          呼叫 shuffle_card() 函數
24  draw_card()                                             呼叫 draw_card() 函數
25  root.mainloop()                                         執行視窗處理
```

圖 6-2-2　執行結果

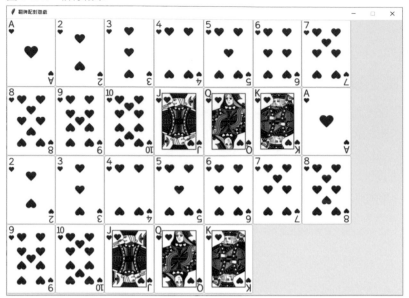

第 4 行宣告了代入撲克牌編號的 card[] 列表。

第 12 ～ 14 行的 shuffle_card() 函數將 1、2、3、4、5、6、7、8、9、10、11、12、13、1、2、3、4、5、6、7、8、9、10、11、12、13 這些值代入 card[0] ～ card[25] 之中。

這個程式雖然還不會洗牌，但下一節就會洗牌，所以利用 shuffle 這個英文單字替函數命名。接著針對 shuffle_card() 函數說明。

```
def shuffle_card():
    for i in range(26):
        card[i] = 1+i%13
```

這個 for 迴圈的 i 值會從 0 開始，不斷遞增至 25 為止。card[i]=1+%13 的 i%13 是以 13 除以 i 取餘數的敘述。當 i 值為 0 ～ 12 時，以 13 除以 i 值，餘數也將會是 0 ～ 12，因此從 card[0] ～ card[12] 會分別代入 1 ～ 13。i 的值為 13 ～ 25 的時候，以 13 除之的餘數又會是 0 ～ 12，所以 card[13] 到 card[25] 也會是 1 ～ 13。

取得餘數的運算子 % 經常在開發軟體時用到。例如，7%3 可以得到以 3 除 7 的餘數「1」，10%5 則可以取得以 5 除 10 的餘數「0」。
請務必記住 % 這個運算子的使用方法喲！

》》》 關於繪製撲克牌的座標

這個遊戲會以 4 列 ×7 欄的格式顯示撲克牌。由於這次會使用到 26 張撲克牌，所以第 4 列的最後兩張撲克牌不存在。

讓我們一起確認 draw_card() 函數如何顯示撲克牌。

```
def draw_card():
    for i in range(26):
        x = (i%7)*120+60
        y = int(i/7)*168+84
        cvs.create_image(x, y, image=img[card[i]])
```

這個 for 迴圈的 i 值會從 0 遞增至 25。x = (i%7)*120+60 與 y=int(i/7)*168+8 計算了撲克牌在螢幕上的 X 座標與 Y 座標。用於計算 Y 座標的 int(i/7) 的 i 為 0 ～ 6 的時候，y 會是 0，當 i 為 7 ～ 13 的時候會是 1，當 i 為 14 ～ 20 的時候會是 2，當 i 為 21 ～ 25 的時候會是 3。利用 X 座標的公式的 (i%7) 與 Y 座標的公式的 int(i/7) 在各列配置各 7 張的撲克牌。

換言之，這個座標的計算公式會在水平配置 7 張撲克牌之後，回到開頭，再於下一列配置剩下的撲克牌。

撲克牌圖片寬度為 120 點，高度為 168 點。之所以在 X 座標 +60，在 Y 座標 +84，是因為 create_image() 是指定圖片中心點的函數。

至於要繪製的是哪張撲克牌則以 creae_image() 的參數 image=img[card[i]] 指定，顯示與 card[i] 的編號對應的圖片。這個程式雖然沒有顯示，但其實會在 card[i] 為 0 的時候顯示撲克牌的背面。

實際以撲克牌玩翻牌配對遊戲時，會以52張撲克牌（拿掉鬼牌）進行，或是以54張撲克牌（加入鬼牌）進行對吧？

對啊，使用所有撲克牌，以及一群人一起玩的情況比較常見。本章製作的遊戲只有玩家與電腦對戰，所以 26 張就差不多夠了。

洗牌

撲克牌遊戲通常都會先洗牌再開始，翻牌配對遊戲當然也是如此。在此要試著撰寫洗牌處理。

》》》 隨機調動撲克牌的順序

洗牌有很多方法可以達成，在此利用亂數隨機選擇兩張撲克牌，再讓這兩張撲克牌互調位置。

請輸入下列的程式，再執行與確認執行結果。這次會顯示位置隨機調動之後的撲克牌。

程式 6-3-1 ▶ list6_3.py　※ 新增的程式碼會以螢光筆標記。

```
01  import tkinter                                            載入 tkinter 模組
02  import random                                            載入 random 模組
03
04  img = [None]*14                                          載入圖片的列表
05  card = [0]*26                                            代入撲克牌編號的列表
06
07  def draw_card():                                         定義顯示撲克牌的函數
08      for i in range(26):                                  迴圈　i 會從 0 遞增至 25
09          x = (i%7)*120+60                                 顯示撲克牌的 X 座標
10          y = int(i/7)*168+84                              顯示撲克牌的 Y 座標
11          cvs.create_image(x, y, image=img[card[i]])       顯示撲克牌
12
13  def shuffle_card():                                      定義建立撲克牌的函數
14      for i in range(26):                                  迴圈　i 會從 0 遞增至 25
15          card[i] = 1+i%13                                 將 1 至 13 的編號代入 card[]
16      for i in range(100):                                 利用 for 迴圈執行 100 次
17          r1 = random.randint(0, 12)                       將 0 ～ 12 的亂數代入 r1
18          r2 = random.randint(13, 25)                      將 13 ～ 25 的亂數代入 r2
19          card[r1], card[r2] = card[r2], card[r1]          調換兩張撲克牌的位置
20
21  root = tkinter.Tk()                                      建立視窗物件
22  root.title("翻牌配對遊戲")                                 指定視窗標題
23  root.resizable(False, False)                             禁止調整視窗大小
24  cvs = tkinter.Canvas(width=960, height=672)              建立畫布元件
25  cvs.pack()                                               在視窗配置畫布
26  for i in range(14):                                      迴圈　i 會從 0 遞增至 13
27      img[i] = tkinter.PhotoImage(file="card/"+str(i)+".png")  將撲克牌圖片載入 img[i]
28  shuffle_card()                                           呼叫 shuffle_card() 函數
29  draw_card()                                              呼叫 draw_card() 函數
30  root.mainloop()                                          執行視窗處理
```

圖 6-3-1　執行結果 ※ 每次執行的結果都不同

由於會使用亂數，所以會以第 2 行的方式載入 random 模組。

在此針對 shuffle_card() 函數說明洗牌處理。

```python
def shuffle_card():
    for i in range(26):
        card[i] = 1+i%13
    for i in range(100):
        r1 = random.randint(0, 12)
        r2 = random.randint(13, 25)
        card[r1], card[r2] = card[r2], card[r1]
```

粗體字的部分就是洗牌處理。

這部分的處理是先將 0 ～ 12 的其中一個數字代入變數 r1，再將 13 ～ 25 的其中一個數字代入變數 r2。接著以 card[r1], card[r2]=card[r2], card[r1] 的部分讓 card[r1] 與 card[r2] 的值互換位置。Python 可利用 **a, b=b, a 的敘述調換變數 a 與 b 的值**。

這種調換位置的處理是以 for 迴圈執行 100 次。下列是以這種方法調換兩張撲克牌的示意圖。

圖 6-3-2　調換元素值

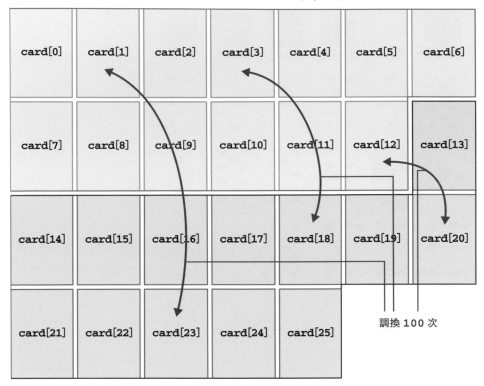

card[r1] r1=random.randint(0,12)

card[r2] r2=random.randint(13,25)

COLUMN

電腦遊戲就是各種演算法的綜合應用

演算法就是解決問題的手法。在程式設計的世界裡,能回答「想進行這類處理,但是該怎麼撰寫程式?」這類問題的程式碼就是演算法,而且就算不是程式碼,只要能以白紙黑字說明一連串解決問題的步驟,或是畫成流程圖,這些步驟或流程圖當然也是演算法的一種。

本節的洗牌處理算是「小型的演算法」。熟悉軟體開發的人或許會覺得這次的洗牌處理不過就是調換資料順序的處理,不過,**演算法就是解決問題的手法**,而這次的洗牌處理則是解決「該怎麼洗牌」這個問題的步驟,所以這種讓兩張撲克牌調換順序的處理當然也算是演算法的一種。遊戲通常是由各種演算法組合而成,所以電腦遊戲就是演算法的集大成。

洗牌處理還有很多種,若能自行想出洗牌處理,就能更了解演算法,程式設計的功力也會更強,有機會請大家務必挑戰看看。

Lesson 6-4　點選之後，讓撲克牌翻面

這節要建立管理撲克牌正反面的列表，讓撲克牌以蓋牌的狀態顯示，還要在點選撲克牌之後，讓撲克牌翻到正面（顯示編號）。

》》》 使用 bind() 命令

前一章的井字遊戲會在按下滑鼠左鍵的時候呼叫函數，再以 bind() 命令執行在事件觸發時的函數，接著在點選的棋格配置符號。這個翻牌配對遊戲也一樣要接收點擊事件。

這次要確認的程式是以 face[] 這個列表管理撲克牌的正反面，並在點選背面向上（蓋著）的撲克牌時，讓撲克牌翻到正面，以及在點選正面的撲克牌時，讓撲克牌翻到背面。

讓我們一起確認下列程式的內容吧。

程式 6-4-1 ▶ list6_4.py　※ 新增的程式碼會以螢光筆標記。

```
01  import tkinter                                          載入 tkinter 模組
02  import random                                           載入 random 模組
03
04  img = [None]*14                                         載入圖片的列表
05  card = [0]*26                                           代入撲克牌編號的列表
06  face = [0]*26                                           管理撲克牌正反面的列表
07
08  def draw_card():                                        定義顯示撲克牌的函數
09      cvs.delete("all")                                   清除畫布的內容
10      for i in range(26):                                 迴圈　i 會從 0 遞增至 25
11          x = (i%7)*120+60                                顯示撲克牌的 X 座標
12          y = int(i/7)*168+84                             顯示撲克牌的 Y 座標
13          if face[i]==0:                                  假設 face[i] 的值為 0
14              cvs.create_image(x, y, image=img[0])        顯示撲克牌的背面（蓋牌狀態）
15          if face[i]==1:                                  假設 face[i] 的值為 1
16              cvs.create_image(x, y, image=img[card[i]])  顯示撲克牌的正面
17
18  def shuffle_card():                                     定義建立撲克牌的函數
19      for i in range(26):                                 迴圈　i 會從 0 遞增至 25
20          card[i] = 1+i%13                                將 1 至 13 的編號代入 card[]
21      for i in range(100):                                利用 for 迴圈執行 100 次
22          r1 = random.randint(0, 12)                      將 0 ～ 12 的亂數代入 r1
23          r2 = random.randint(13, 25)                     將 13 ～ 25 的亂數代入 r2
24          card[r1], card[r2] = card[r2], card[r1]         調換兩張撲克牌的位置
25
26  def click(e):                                           點擊滑鼠左鍵時的函數
27      x = int(e.x/120)                                  ⌐將點選的撲克牌代入
28      y = int(e.y/168)                                   ⌊變數 x、y
29      if 0<=x and x<=6 and 0<=y and y<=3:                 當 x 為 0 ～ 6，而且 y 為 0 ～ 3
```

接續下一頁

171

```
30          n = x+y*7                                          將 x+y*7 的值代入 n
31          if n >= 26:                                        如果 n 大於等於 26，代表點
                                                               選了沒有撲克牌的位置
32              return                                         脫離函數
33          if face[n]==0:                                     假設 face[n] 為 0
34              face[n] = 1                                     將 face[n] 設定為 1
35          else:                                              否則（face[n] 為 1 的話）
36              face[n] = 0                                     將 face[n] 設定為 0
37          draw_card()                                        繪製撲克牌
38
39 root = tkinter.Tk()                                         建立視窗物件
40 root.title("翻牌配對遊戲")                                     指定視窗標題
41 root.resizable(False, False)                                禁止調整視窗大小
42 root.bind("<Button>", click)                                指定按下滑鼠左鍵執行的函數
43 cvs = tkinter.Canvas(width=960, height=672)                 建立畫布元件
44 cvs.pack()                                                  在視窗配置畫布
45 for i in range(14):                                         迴圈  i 會從 0 遞增至 13
46     img[i] = tkinter.PhotoImage(file="card/"+str(i)+".png") 將撲克牌圖片載入 img[i]
47 shuffle_card()                                              呼叫 shuffle_card() 函數
48 draw_card()                                                 呼叫 draw_card() 函數
49 root.mainloop()                                             執行視窗處理
```

圖 6-4-1　執行結果

第 6 行宣告了管理撲克牌正反面的 face[] 列表。當該值為 0，就顯示撲克牌的背面，
若該值為 1，就顯示撲克牌的正面。負責執行這個部分的是 draw_card() 函數的第
13 ～ 16 行。在此針對 draw_card() 函數的部分，說明上述的處理。

172

```
def draw_card():
    cvs.delete("all")
    for i in range(26):
        x = (i%7)*120+60
        y = int(i/7)*168+84
        if face[i]==0:
            cvs.create_image(x, y, image=img[0])
        if face[i]==1:
            cvs.create_image(x, y, image=img[card[i]])
```

透過 if 條件式取得 face[i] 的值，再顯示撲克牌的背面（格紋的圖片）或正面（號碼或人物的圖片）。

程式一執行，就會以 face=[0]*26 的部分將 0 代入 face[0] 到 face[25]，所以全部的撲克牌都會是蓋著的狀態。

原來如此，除了管理撲克牌編號的列表，還建立了管理撲克牌正反面的列表，以及在 draw_card() 函數顯示撲克牌的正面或背面對吧！

沒錯，這個程式會先繪製整個畫面，所以利用 draw_card() 函數的第 1 行程式 cvs.delete("all") 清除整個畫布再顯示撲克牌。如果需要繪製整個畫面，就不要忘記使用delete() 命令唷！

》》 清除畫布時的處理

第 26 ～ 37 行定義了在清除畫布時執行的 click() 函數。當玩家按下滑鼠左鍵，而且該位置的撲克牌是蓋著的，這個函數就會將 face[] 的值設定為 1，讓撲克牌翻成正面，假設點選時，撲克牌是翻開的狀態，就會將 face[] 設定為 0，讓撲克牌翻成背面。接著針對 click() 函數的部分說明。粗體字的部分是讓撲克牌從背面轉成正面，以及從正面轉成背面的 if 條件式。

```python
def click(e):
    x = int(e.x/120)
    y = int(e.y/168)
    if 0<=x and x<=6 and 0<=y and y<=3:
        n = x+y*7
        if n >= 26:
            return
        if face[n]==0:
            face[n] = 1
        else:
            face[n] = 0
        draw_card()
```

每張撲克牌的大小是寬 120 點、高 168 點，配置時，是與其他撲克牌緊緊相鄰，所以在按下滑鼠左鍵之後，滑鼠游標的 X 軸座標會先除以 120，再將整數的部分代入變數 x，Y 軸座標則會先除以 168，再將整數的部分代入變數 y。由於撲克牌是以 4 列 ×7 欄的方式排列，所以當 0<=x and x<=6 以及 0<=y and y<=3 的條件式成立，代表玩家點選了有撲克牌的位置。要注意的是，第 4 列的最後 2 張撲克牌不存在，所以利用 n = x+y*7 的部分設定在 n 大於等於 26 的時候，以 return 脫離函數，不要執行後續的處理。

這個 n 的值是管理撲克牌編號的一維列表的元素編號（第 164 頁的**圖 6-2-1**）。當 face[n] 為 0，就設定為 1，當 face[n] 為 1 就設定為 0，讓撲克牌在正反面之間切換。

利用撲克牌的大小除以點選位置的座標，算出管理撲克牌的列表的索引值……原來如此，這與在井字遊戲學到的「取得點選哪個棋格」的方法是一樣的對吧？

沒錯，你真是一點就通啊，照這個氣勢繼續學下去吧！

Lesson 6-5 數字相同時，消除該組撲克牌

這節要讓數字相同的兩張撲克牌一起消失。

》》》 管理遊戲進行流程的變數

這節要建立管理遊戲處理流程的變數，依序進行翻開第 1 張撲克牌→翻開第 2 張撲克牌→ 2 張撲克牌是否一致的處理。在這一連串的處理之中，必須透過兩個變數分別儲存於第 1 張與第 2 張翻開的撲克牌的位置，而且要以即時處理的方式依序執行上述的處理。

》》》 確認執行內容

請執行下列的程式，確認執行結果。假設翻開的 2 張撲克牌相同，該組撲克牌就會消失，如果翻開的 2 張撲克牌不同，則會自動蓋牌，讓玩家繼續選擇 2 張撲克牌。

程式 6-5-1 ▶ list6_5.py　※ 新增的程式碼會以螢光筆標記。

```
01  import tkinter
02  import random
03
04  img = [None]*14
05  card = [0]*26
06  face = [0]*26
07  proc = 0
08  tmr = 0
09  sel1 = 0
10  sel2 = 0
11
12  def draw_card():
13      cvs.delete("all")
14      for i in range(26):
15          x = (i%7)*120+60
16          y = int(i/7)*168+84
17          if face[i]==0:
18              cvs.create_image(x, y, image=img[0])
19          if face[i]==1:
20              cvs.create_image(x, y,
    image=img[card[i]])
21
22  def shuffle_card():
23      for i in range(26):
24          card[i] = 1+i%13
25      for i in range(100):
26          r1 = random.randint(0, 12)
27          r2 = random.randint(13, 25)
```

| 載入 tkinter 模組 |
| 載入 random 模組 |

載入圖片的列表
代入撲克牌編號的列表
管理撲克牌正反面的列表
管理遊戲進行流程的變數
管理時間的變數
第 1 張翻開的撲克牌的位置（元素編號）
第 2 張翻開的撲克牌的位置（元素編號）

定義顯示撲克牌的函數
清除畫布的內容
迴圈　i 會從 0 遞增至 25
顯示撲克牌的 X 座標
顯示撲克牌的 Y 座標
假設 face[i] 的值為 0
顯示撲克牌的背面（蓋牌狀態）
假設 face[i] 的值為 1
顯示撲克牌的正面

定義建立撲克牌的函數
迴圈　i 會從 0 遞增至 25
將 1 至 13 的編號代入 card[]
利用 for 迴圈執行 100 次
將 0 ～ 12 的亂數代入 r1
將 13 ～ 25 的亂數代入 r2

接續下一頁

行號	程式碼	說明
28	`    card[r1], card[r2] = card[r2], card[r1]`	調換兩張撲克牌的位置
29		
30	`def click(e):`	點擊滑鼠左鍵時的函數
31	`    global proc, tmr, sel1, sel2`	將這些變數宣告為全域變數
32	`    x = int(e.x/120)`	將點選的撲克牌代入
33	`    y = int(e.y/168)`	變數 x、y
34	`    if 0<=x and x<=6 and 0<=y and y<=3:`	當 x 為 0～6，而且 y 為 0～3
35	`        n = x+y*7`	將 x+y*7 的值代入 n
36	`        if n >= 26:`	如果 n 大於等於 26，代表點選了
37	`            return`	沒有撲克牌的位置，脫離函數
38	`        if face[n]==0:`	假設 face[n] 為 0（撲克牌為蓋牌的狀態）
39	`            if proc==1:`	proc 為 1 的時候
40	`                face[n] = 1`	將 face[n] 設定為 1，讓撲克牌翻成正面
41	`                sel1 = n`	將該撲克牌的位置代入 sel1
42	`                proc = 2`	將 proc 設定為 2
43	`            elif proc==2:`	否則，在 proc 為 2 的時候
44	`                face[n] = 1`	將 face[n] 設定為 1，讓撲克牌翻成正面
45	`                sel2 = n`	將該撲克牌的位置代入 sel2
46	`                proc = 3`	將 proc 設定為 3，判斷撲克牌是否一致
47	`                tmr = 0`	將 0 代入 tmr
48		
49	`def main():`	進行主要處理的函數
50	`    global proc, tmr`	將這些變數宣告為全域變數
51	`    tmr += 1`	讓 tmr 的值遞增 1
52	`    draw_card()`	繪製撲克牌
53	`    if proc==0:`	當 proc 為 0 時
54	`        shuffle_card()`	呼叫 shuffle_card()，讓撲克牌就定位
55	`        proc=1`	將 proc 設定為 1
56	`    if proc==1:`	當 proc 為 1
57	`        cvs.create_text(780, 580, text="請翻第1張撲克牌")`	顯示說明
58	`    if proc==2:`	當 proc 為 2
59	`        cvs.create_text(780, 580, text="請翻第2張撲克牌")`	顯示說明
60	`    if proc==3 and tmr==5: # 判斷撲克牌是否一致`	當 proc 為 3、tmr 為 5 的時候
61	`        if card[sel1]==card[sel2]:`	如果翻開的兩張撲克牌為相同號碼
62	`            face[sel1] = 2`	將 2 代入 face[]
63	`            face[sel2] = 2`	消除（取走）這兩張撲克牌
64	`        else:`	否則（兩張撲克牌不同時）
65	`            face[sel1] = 0`	將 face[] 設定為 0
66	`            face[sel2] = 0`	讓這兩張撲克牌蓋牌
67	`        proc = 1`	將 proc 設定為 1
68	`    root.after(200, main)`	在 200 毫秒之後呼叫 main() 函數
69		
70	`root = tkinter.Tk()`	建立視窗物件
71	`root.title("翻牌配對遊戲")`	指定視窗標題
72	`root.resizable(False, False)`	禁止調整視窗大小
73	`root.bind("<Button>", click)`	指定按下滑鼠左鍵執行的函數
74	`cvs = tkinter.Canvas(width=960, height=672)`	建立畫布元件
75	`cvs.pack()`	在視窗配置畫布
76	`for i in range(14):`	迴圈 i 會從 0 遞增至 13
77	`    img[i] = tkinter.PhotoImage(file="card/"+str(i)+".png")`	將撲克牌圖片載入 img[i]
78	`main()`	呼叫 main() 函數
79	`root.mainloop()`	執行視窗處理

圖 6-5-1　執行結果

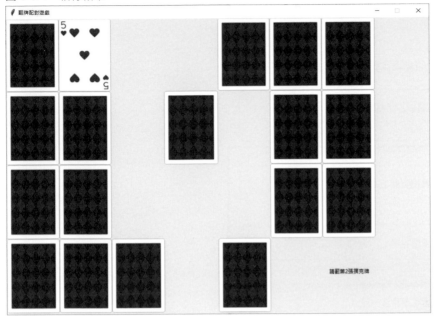

這次在第 49 ～ 68 行追加了執行即時處理的 main() 函數。這個函數的最後一行 root. after(200, main) 是於 0.2 秒的間隔執行即時處理的意思。

這次建立了管理遊戲流程的 proc 變數以及管理時間的 tmr 變數。pro 是 process（過程）的縮寫，tmr 則是 timer（計時器）的縮寫。

假設兩張撲克牌一致，就立刻消除該組撲克牌，玩家可能會不知道發生了什麼事，所以在 main() 的開頭讓 tmr 的值遞增，藉由該值設定緩衝的時間。

接下來是改良 click() 函數，儲存第 1 張與第 2 張撲克牌的編號。在此為大家依序說明 main() 與 click() 進行的處理。

>>> main() 的即時處理

main() 函數的處理流程請參考下圖。

圖 6-5-2　main() 的處理流程

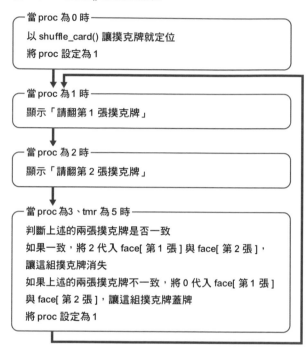

這次會在兩張一樣的撲克牌消失時，將 2 代入 face[]。繪製撲克牌的 draw_card() 函數會在 face[] 為 0 時顯示撲克牌的背面，並且在 face[] 為 1 的時候顯示撲克牌的正面，所以將 face[] 設定為 2，撲克牌就會消失。

只是將 2 代入 face[]，不需要另外追加處理，也能讓撲克牌消失。

178

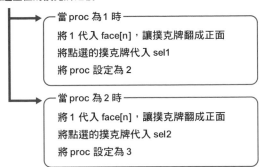

≫ click 的處理

click() 函數的處理如下。

圖 6-5-3　click() 的處理

點選蓋住的撲克牌之後

當 proc 為 1 時
將 1 代入 face[n]，讓撲克牌翻成正面
將點選的撲克牌代入 sel1
將 proc 設定為 2

當 proc 為 2 時
將 1 代入 face[n]，讓撲克牌翻成正面
將點選的撲克牌代入 sel2
將 proc 設定為 3

click() 函數只會在按下滑鼠左鍵時執行。按下滑鼠左鍵一次，proc1 的處理就會執行，再按下滑鼠左鍵一次，proc2 的處理就會執行。

main() 函數會以 after() 命令以 0.2 秒的間隔不斷執行。例如，在 proc 為 1 時點選蓋住的撲克牌，face[n] 就會被 click() 函數設定為 1，再於 main() 函數呼叫 draw_card()，所以就會以撲克牌翻成正面的流程完成相關的處理。

不斷執行的是 main()，click() 只在視窗被點選的時候執行。點選撲克牌之後，click() 會將值代入 sel1 或 sel2，至於確認兩張撲克牌是否一致，則是由 main() 負責。

感覺 click() 是接待人員，main() 則負責後續的主要處理。

讓電腦翻撲克牌

玩家翻完第二張撲克牌之後，就輪到電腦翻撲克牌。此外，如果玩家或電腦翻到兩張一樣的撲克牌，都可以繼續翻牌。

》》》 管理遊戲流程

前一節利用 proc 變數讓處理產生分歧，而這次也一樣要利用 proc 的值讓處理產生分歧，藉此讓電腦翻牌。

具體來説，proc 的值會管理下列的處理。

表 6-6-1　proc 的值與對應的處理

proc的值	處理內容
0	利用 shuffle_card() 建立撲克牌 ※
1	玩家翻第一張撲克牌
2	玩家翻第二張撲克牌
3	確認玩家是否翻到兩張相同的撲克牌
4	電腦翻第一張撲克牌
5	電腦翻第二張撲克牌
6	確認電腦是否翻到兩張相同的撲克牌
7	遊戲結束

※遊戲完成時，proc0的處理會是顯示「Click to start!」，以及等待遊戲開始。

》》》 確認執行流程

接下來要確認具有上述處理的程式。這個程式會讓玩家與電腦輪流翻牌，直到所有的撲克牌消失為止。

程式 6-6-1 ▶ list6_6.py　※ 新增的程式碼會以螢光筆標記。

```
01  import tkinter                載入 tkinter 模組
02  import random                 載入 random 模組
03
04  img = [None]*14               載入圖片的列表
05  card = [0]*26                 代入撲克牌編號的列表
06  face = [0]*26                 管理撲克牌正反面的列表
07  proc = 0                      管理遊戲進行流程的變數
08  tmr = 0                       管理時間的變數
09  sel1 = 0                      第 1 張翻開的撲克牌的位置（元素編號）
10  sel2 = 0                      第 2 張翻開的撲克牌的位置（元素編號）
11  you = 0                       計算玩家取得幾張撲克牌的變數
```

12	`com = 0`	計算電腦取得幾張撲克牌的變數
13		
14	`def draw_card():`	定義顯示撲克牌的函式
:	省略(顯示撲克牌的函式)	省略
:		
24	`def shuffle_card():`	定義建立撲克牌的函式
:	省略(建立撲克牌的函式)	省略
:		
32	`def click(e):`	點擊滑鼠左鍵時的函式
:	省略(點擊滑鼠左鍵時的函式)	省略
51	`def main():`	進行主要處理的函式
52	`    global proc, tmr, sel1, sel2, you, com`	將這些變數宣告為全域變數
53	`    tmr += 1`	讓 tmr 的值遞增 1
54	`    draw_card()`	繪製撲克牌
55	`    if proc==0:`	當 proc 為 0 時
56	`        shuffle_card()`	呼叫 shuffle_card(),讓撲克牌就定位
57	`        proc=1`	將 proc 設定為 1
58	`    if proc==1:`	當 proc 為 1
59	`        cvs.create_text(780, 580, text="請翻第1張`	顯示說明
	撲克牌")`	
60	`    if proc==2:`	當 proc 為 2
61	`        cvs.create_text(780, 580, text="請翻第2張`	顯示說明
	撲克牌")`	
62	`    if proc==3 and tmr==15: # 判斷撲克牌是否一致`	當 proc 為 3、tmr 為 15 的時候
63	`        if card[sel1]==card[sel2]:`	如果翻開的兩張撲克牌為相同號碼
64	`            face[sel1] = 2`	將 2 代入 face[]
65	`            face[sel2] = 2`	消除這兩張撲克牌
66	`            you += 2`	讓 you 的值增加 2
67	`            proc = 1`	將 proc 設定為 1
68	`            if you+com==26: proc = 7`	全部的撲克牌都翻完之後,將 proc 設定為 7,結束遊戲
69	`        else:`	如果兩張撲克牌不同
70	`            face[sel1] = 0`	將 face[] 設定為 0
71	`            face[sel2] = 0`	讓這兩張撲克牌蓋牌
72	`            proc = 4`	將 proc 設定為 4,進行電腦的處理
73	`        tmr = 0`	將 0 代入 tmr
74	`    if proc==4 and tmr==5: # 電腦翻第1張撲克牌`	當 proc 為 4,tmr 為 5 的時候
75	`        sel1 = random.randint(0, 25)`	以亂數決定第一張要翻的撲克牌
76	`        while face[sel1]!=0: sel1 = (sel1+1)%26`	尋找蓋著的撲克牌
77	`        face[sel1] = 1`	將 face[] 設定為 1,讓撲克牌翻成正面
78	`        proc = 5`	將 proc 設定為 5
79	`        tmr = 0`	將 0 代入 tmr
80	`    if proc==5 and tmr==5: # 電腦翻第2張撲克牌`	當 proc 為 5,tmr 為 5 的時候
81	`        sel2 = random.randint(0, 25)`	以亂數決定第 2 張要翻的撲克牌
82	`        while face[sel2]!=0: sel2 = (sel2+1)%26`	尋找蓋著的撲克牌
83	`        face[sel2] = 1`	將 face[] 設定為 1,讓撲克牌翻成正面
84	`        proc = 6`	將 proc 設定為 6
85	`        tmr = 0`	將 0 代入 tmr
86	`    if proc==6 and tmr==15: # 判斷撲克牌是否一致`	當 proc 為 6,tmr 為 15 的時候
87	`        if card[sel1]==card[sel2]:`	假設兩張翻開的撲克牌相同
88	`            face[sel1] = 2`	將 2 代入 face[]
89	`            face[sel2] = 2`	消除這兩張撲克牌
90	`            com += 2`	com 的值增加 2
91	`            proc = 4`	將 proc 設定為 4
92	`            if you+com==26: proc = 7`	全部的撲克牌都翻完之後,將 proc 設定為 7,結束遊戲

接續下一頁

```
93          else:
94              face[sel1] = 0
95              face[sel2] = 0
96              proc = 1
97          tmr = 0
98      if proc==7:
99          cvs.create_text(780, 580, text="遊戲結束")
100     root.after(200, main)
101
102 root = tkinter.Tk()
103 root.title("翻牌配對遊戲")
104 root.resizable(False, False)
105 root.bind("<Button>", click)
106 cvs = tkinter.Canvas(width=960, height=672)
107 cvs.pack()
108 for i in range(14):
109     img[i] = tkinter.PhotoImage(file="card/"+str
    (i)+".png")
110 main()
111 root.mainloop()
```

	如果兩張撲克牌不同
	將 face[] 設定為 0
	讓這兩張撲克牌蓋牌
	將 proc 設定為 1，進行玩家的處理
	將 0 代入 tmr
	當 proc 為 7 時
	顯示「遊戲結束」
	在 200 毫秒之後呼叫 main() 函數
	建立視窗物件
	指定視窗標題
	禁止調整視窗大小
	指定按下滑鼠左鍵執行的函數
	建立畫布元件
	在視窗配置畫布
	迴圈 i 會從 0 遞增至 13
	將撲克牌圖片載入 img[i]
	呼叫 main() 函數
	執行視窗處理

執行畫面與前一節「**圖 6-5-1 執行結果**」相同，故予以省略。

》》》 管理電腦與玩家取得的撲克牌張數

在上述的程式之中，會將玩家取得的撲克牌張數代入 you 這個變數，也會將電腦取得的撲克牌張數代入 com 這個變數。這兩個變數是在第 11 ～ 12 行的程式碼宣告。

main() 函數的第 62 ～ 73 行是在玩家翻完兩張撲克牌之後，確認這兩張撲克牌是否相同的處理。在此針對這個部分說明。

```
if proc==3 and tmr==15: # 判斷兩張撲克牌是否一致
    if card[sel1]==card[sel2]:
        face[sel1] = 2
        face[sel2] = 2
        you += 2
        proc = 1
        if you+com==26: proc = 7
    else:
        face[sel1] = 0
        face[sel2] = 0
        proc = 4
    tmr = 0
```

一如 Lesson 6-5 所撰寫的部分，這部分的程式會在兩張撲克牌相同時，將 2 代入 face[]，讓該組撲克牌從畫面消失，也會讓 you 的值增加 2，接著將 proc 的值設定為 1，讓玩家繼續翻牌，不過，當 you+com 的值為 26，代表所有的撲克牌都已經翻完的話，就將 proc 設定為 7。當 proc 為 7 時，就執行第 98 ～ 99 行的程式碼，顯示「遊戲結束」的提示訊息。

假設翻開的兩張撲克牌不一致，就將 face[] 設定為 0，讓撲克牌蓋起來，再將 proc 設定為 4，進入電腦翻牌的處理。

》》》 確認所有的撲克牌是否都消失

當玩家翻開的兩張撲克牌為一致時，讓變數 you 的值遞增 2，如果是電腦翻到成對的撲克牌，則讓 com 的值遞增 2。由於這個遊戲的撲克牌共有 26 張，所以只要所有的撲克牌都消失，you+com 的值將會是 26。這個部分會由第 68 行與第 92 行的 if you+com ==26: proc = 7 的程式碼進行判斷。

》》》 電腦翻牌處理

接著一起了解電腦翻牌處理。第 74 ～ 79 行的程式碼為電腦翻開第一張撲克牌的部分。在此針對這個部分説明。

```
if proc==4 and tmr==5: # 電腦翻第1張撲克牌
    sel1 = random.randint(0, 25)
    while face[sel1]!=0: sel1 = (sel1+1)%26
    face[sel1] = 1
    proc = 5
    tmr = 0
```

當 proc 的值為 4，電腦就會翻開第一張撲克牌。當 tmr 為 5，將 0 ～ 25 的亂數代入變數 sel1，再以後續的 while 迴圈條件式決定要翻哪張撲克牌。tmr 的值會在影格前進一格的時候遞增 1。之所以在 tmr 的值為 5 的時候讓電腦翻牌，是因為處理進行得太快，會讓玩家不知道發生了什麼事。

》》》 利用 while 尋找蓋著的撲克牌

以亂數選擇的撲克牌會立刻消失，所以才利用 while face[sel1]!=0:sel1=(sel1+1)%26 的 while 迴圈尋找蓋著的撲克牌。

這個 while 迴圈的內容如下。

- 位於 sel1 的撲克牌不是蓋著的話（face[sel1] 不為 0），就以 sel1=(sel1+1)%26 的算式讓 sel1 的值產生變化。
- sel1 的值會依照 0 → 1 → 2 →…→ 23 → 24 → 25 →再回到 0 的順序變化。
- 當 face[sel1] 為 0，就脫離 while 迴圈。

下方是上述處理的示意圖。

圖 6-6-1　以亂數與 while 決定要翻哪張撲克牌

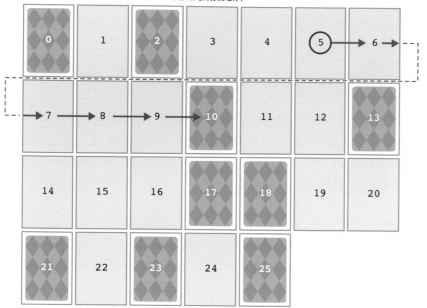

假設 sel1 的值為 5。由於位置 5 的撲克牌已經被取走，所以會依照示意圖的箭頭依序調查相鄰的位置是否有撲克牌。以上述的示意圖來看，會在位置 10 的時候找到撲克牌，所以會在 sel1 為 10 的時候脫離 while 迴圈。

這個方法會先隨機翻開第一張撲克牌，然後將 proc 設定為 5，進入翻第二張撲克牌的處理。翻開第二張撲克牌的處理與翻開第一張撲克牌的處理是相同的。

```
if proc==5 and tmr==5: # 電腦翻第2張撲克牌
    sel2 = random.randint(0, 25)
    while face[sel2]!=0: sel2 = (sel2+1)%26
    face[sel2] = 1
    proc = 6
    tmr = 0
```

將第一張翻開的撲克牌的位置代入 sel1，第二張撲克牌則代入 sel2，然後將 proc 設定為 6，進入確認這兩張撲克牌是否一致的處理。
確認電腦是否翻到成對撲克牌的處理為第 86 ～ 97 行的程式碼，與確認玩家是否翻到成組撲克牌的處理相同。

>>> 電腦幾乎無法翻到成組的撲克牌

就現況來看，電腦只是隨機翻開兩張撲克牌，所以除非運氣很好，否則幾乎不可能翻到成組的撲克牌。之後會撰寫電腦的思考邏輯，讓電腦變強，所以大家可以先忽略現階段電腦很笨這回事，直接進入下一節。

寫好輪流制的遊戲了！

接下來就可以當成遊戲玩囉。

讓這個遊戲變得更好玩

這次要顯示勝負結果,讓這個遊戲變成真正的遊戲。

判斷勝負

在前一節的時候,我們將玩家與電腦取得的撲克牌張數分別代入 you 與 com 這兩個變數。這次要在視窗顯示 you 與 com 的值,判斷玩家與電腦分別取得幾張撲克牌。假設所有撲克牌都消失,就比較 you 與 com 的值,顯示哪邊獲勝的訊息。

讓我們一起確認具備上述處理的程式。

程式 6-7-1 ▶ list6_7.py　※ 新增的程式碼會以螢光筆標記。

| ```
01  import tkinter
02  import random
03
04  img = [None]*14
05  card = [0]*26
06  face = [0]*26
07  proc = 0
08  tmr = 0
09  sel1 = 0
10  sel2 = 0
11  you = 0
12  com = 0
13  FNT = ("Times New Roman", 36)
14
15  def draw_card():
16      cvs.delete("all")
17      for i in range(26):
18          x = (i%7)*120+60
19          y = int(i/7)*168+84
20          if face[i]==0:
21              cvs.create_image(x, y, image=img[0])
22          if face[i]==1:
23              cvs.create_image(x, y,
    image=img[card[i]])
24
25  def shuffle_card():
26      for i in range(26):
27          card[i] = 1+i%13
28          face[i] = 0
29      for i in range(100):
30          r1 = random.randint(0, 12)
31          r2 = random.randint(13, 25)
32          card[r1], card[r2] = card[r2], card[r1]
33
34  def click(e):
``` | 載入 tkinter 模組<br>載入 random 模組<br><br>載入圖片的列表<br>代入撲克牌編號的列表<br>管理撲克牌正反面的列表<br>管理遊戲進行流程的變數<br>管理時間的變數<br>第 1 張翻開的撲克牌的位置(元素編號)<br>第 2 張翻開的撲克牌的位置(元素編號)<br>計算玩家取得幾張撲克牌的變數<br>計算電腦取得幾張撲克牌的變數<br>定義字型<br><br>定義顯示撲克牌的函數<br>清除畫布的內容<br>迴圈 i 會從 0 遞增至 25<br>顯示撲克牌的 X 座標<br>顯示撲克牌的 Y 座標<br>假設 face[i] 的值為 0<br>顯示撲克牌的背面(蓋牌狀態)<br>假設 face[i] 的值為 1<br>顯示撲克牌的正面<br><br>定義建立撲克牌的函數<br>迴圈 i 會從 0 遞增至 25<br>將 1 至 13 的編號代入 card[]<br>將 0 代入 face[],讓撲克牌翻成背面<br>利用 for 迴圈執行 100 次<br>將 0 ～ 12 的亂數代入 r1<br>將 13 ～ 25 的亂數代入 r2<br>調換兩張撲克牌的位置<br><br>點擊滑鼠左鍵時的函數 |
```

```
35        global proc, tmr, sel1, sel2, you, com
36        if proc == 0:
37            shuffle_card()
38            you = 0
39            com = 0
40            proc = 1
41            return
42        x = int(e.x/120)
43        y = int(e.y/168)
44        if 0<=x and x<=6 and 0<=y and y<=3:
45            n = x+y*7
46            if n >= 26:
47                return
48            if face[n]==0:
49                if proc==1:
50                    face[n] = 1
51                    sel1 = n
52                    proc = 2
53                elif proc==2:
54                    face[n] = 1
55                    sel2 = n
56                    proc = 3
57                    tmr = 0
58
59    def main():
60        global proc, tmr, sel1, sel2, you, com
61        tmr += 1
62        draw_card()
63        if proc==0 and tmr%10<5: # 等待遊戲開始
64            cvs.create_text(780, 580, text="Click
    to start.", fill="green", font=FNT)
65        if 1<=proc and proc<=3:
66            cvs.create_rectangle(840, 60, 960, 200,
    fill="blue", width=0)
67        cvs.create_text(900, 100, text="YOU",
    fill="silver", font=FNT)
68        cvs.create_text(900, 160, text=you,
    fill="white", font=FNT)
69        if 4<=proc and proc<=6:
70            cvs.create_rectangle(840, 260, 960, 400,
    fill="red", width=0)
71        cvs.create_text(900, 300, text="COM",
    fill="silver", font=FNT)
72        cvs.create_text(900, 360, text=com,
    fill="white", font=FNT)
73        if proc==3 and tmr==15: # 判斷撲克牌是否一致
74            if card[sel1]==card[sel2]:
75                face[sel1] = 2
76                face[sel2] = 2
77                you += 2
78                proc = 1
79                if you+com==26: proc = 7
80            else:
81                face[sel1] = 0
82                face[sel2] = 0
```

將這些變數宣告為全域變數
當 proc 為 0
呼叫 shuffle_card() 讓撲克牌就定位
將 you 的值設定為 0
將 com 的值設定為 0
將 proc 設定為 1
在此脫離函數
將點選的撲克牌代入
變數 x、y
當 x 為 0～6，而且 y 為 0～3
將 x+y*7 的值代入 n
如果 n 大於等於 26，代表點選了
沒有撲克牌的位置，脫離函數
假設 face[n] 為 0（撲克牌為蓋牌的狀態）
proc 為 1 的時候
將 face[n] 設定為 1，讓撲克牌翻成正面
將該撲克牌的位置代入 sel1
將 proc 設定為 2
否則，在 proc 為 2 的時候
將 face[n] 設定為 1，讓撲克牌翻成正面
將該撲克牌的位置代入 sel2
將 proc 設定為 3，判斷撲克牌是否一致
將 0 代入 tmr

進行主要處理的函數
將這些變數宣告為全域變數
讓 tmr 的值遞增 1
繪製撲克牌
當 proc 為 0 時，tmr%10<5 的時候
顯示 Click to start.

當 proc 為 1～3 的時候（玩家翻牌）
在 you 的背面繪製藍色矩形

顯示 YOU

顯示 you 的值

當 proc 為 4～6 的時候（電腦翻牌）
在 com 的背面繪製紅色矩形

顯示 COM

顯示 com 的值

當 proc 為 3、tmr 為 15 的時候
如果翻開的兩張撲克牌為相同號碼
將 2 代入 face[]
消除這兩張撲克牌
讓 you 的值增加 2
將 proc 設定為 1
全部的撲克牌都翻完之後，將 proc 設定
為 7，結束遊戲
如果兩張撲克牌不同
將 face[] 設定為 0
讓這兩張撲克牌蓋牌

接續下一頁

83 `    proc = 4`	將 proc 設定為 4，進行電腦的處理
84 `    tmr = 0`	將 0 代入 tmr
85 `if proc==4 and tmr==5: # 電腦翻第1張撲克牌`	當 proc 為 4，tmr 為 5 時
86 `    sel1 = random.randint(0, 25)`	以亂數決定第一張要翻的撲克牌
87 `    while face[sel1]!=0: sel1 = (sel1+1)%26`	尋找蓋著的撲克牌
88 `    face[sel1] = 1`	將 face[] 設定為 1，讓撲克牌翻成正面
89 `    proc = 5`	將 proc 設定為 5
90 `    tmr = 0`	將 0 代入 tmr
91 `if proc==5 and tmr==5: # 電腦翻第2張撲克牌`	當 proc 為 5，tmr 為 5 的時候
92 `    sel2 = random.randint(0, 25)`	以亂數決定第 2 張要翻的撲克牌
93 `    while face[sel2]!=0: sel2 = (sel2+1)%26`	尋找蓋著的撲克牌
94 `    face[sel2] = 1`	將 face[] 設定為 1，讓撲克牌翻成正面
95 `    proc = 6`	將 proc 設定為 6
96 `    tmr = 0`	將 0 代入 tmr
97 `if proc==6 and tmr==15: # 判斷撲克牌是否一致`	當 proc 為 6，tmr 為 15 的時候
98 `    if card[sel1]==card[sel2]:`	假設兩張翻開的撲克牌相同
99 `        face[sel1] = 2`	將 2 代入 face[]
100 `        face[sel2] = 2`	消除這兩張撲克牌
101 `        com += 2`	com 的值增加 2
102 `        proc = 4`	將 proc 設定為 4
103 `        if you+com==26: proc = 7`	全部的撲克牌都翻完之後，將 proc 設定為 7，結束遊戲
104 `    else:`	如果兩張撲克牌不同
105 `        face[sel1] = 0`	將 face[] 設定為 0
106 `        face[sel2] = 0`	讓這兩張撲克牌蓋牌
107 `        proc = 1`	將 proc 設定為 1，進行玩家的處理
108 `    tmr = 0`	將 0 代入 tmr
109 `if proc==7:`	當 proc 為 7 時
110 `    if you>com:`	如果 you 的值大於 com
111 `        cvs.create_text(780, 580, text="YOU WIN!", fill="skyblue", font=FNT)`	顯示 YOU WIN!
112 `    if com>you:`	如果 com 的值大於 you
113 `        cvs.create_text(780, 580, text="COM WIN!", fill="pink", font=FNT)`	顯示 COM WIN!
114 `    if tmr==25:`	當 tmr 為 25
115 `        proc = 0`	將 proc 設定為 0，進入等待遊戲開始的處理
116 `root.after(200, main)`	在 200 毫秒之後呼叫 main() 函數
117	
118 `root = tkinter.Tk()`	建立視窗物件
119 `root.title("翻牌配對遊戲")`	指定視窗標題
120 `root.resizable(False, False)`	禁止調整視窗大小
121 `root.bind("<Button>", click)`	指定按下滑鼠左鍵執行的函數
122 `cvs = tkinter.Canvas(width=960, height=672, bg="black")`	建立畫布元件
123 `cvs.pack()`	在視窗配置畫布
124 `for i in range(14):`	迴圈 i 會從 0 遞增至 13
125 `    img[i] = tkinter.PhotoImage(file="card/"+str(i)+".png")`	將撲克牌圖片載入 img[i]
126 `main()`	呼叫 main() 函數
127 `root.mainloop()`	執行視窗處理

圖 6-7-1 執行結果

接著依序說明追加的處理。

這個程式是以變數 proc 管理遊戲流程。在 proc 為 0 的時候點選畫面，click() 函數的第 36 ～ 41 行程式碼就會呼叫 shuffle_card()，讓撲克牌就定位，再將 0 代入變數 you 與 com，以及將 proc 設定為 1，讓遊戲開始。

main() 函數的第 63 ～ 72 行則為下列的內容。

- **當 proc 為 0，閃爍顯示字串 Click to start.。**
- **讓「YOU」字串與變數 you 的值、「COM」字串與 com 的值在螢幕常駐。**
- **當 proc 為 1 ～ 3，在 YOU 文字底下顯示藍色矩形，提醒玩家現在輪玩家翻牌。**
- **當 proc 為 4 ～ 6，在 COM 文字底下顯示紅色矩形，提醒玩家現在輪電腦翻牌。**

main() 函數的第 110 ～ 113 行程式碼會比較 you 與 com 的值，顯示哪邊獲勝的訊息。這個遊戲的撲克牌共有 26 張，玩家與電腦會每次取走 2 張，所以不會有平手的問題（最接近的勝負為 12 比 14，所以一定會分出勝負）。

以第 114 ～ 115 行的 if 條件式顯示 5 秒的勝負結果後，將 proc 的值設定為 0，等待遊戲重新開始。

在完成遊戲流程的同時，
還將畫布的背景設定為黑色了。

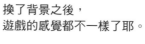

換了背景之後，
遊戲的感覺都不一樣了耶。

對啊，遊戲的配色也很重要。
如果換成撲克牌的圖案，整個
遊戲會變得更不一樣。本章最
後的專欄就會介紹這個部分。

Lesson 6-8　讓電腦記住撲克牌

這節要讓電腦在翻開撲克牌之後，記住撲克牌的數字，試著翻開另一張相同數字的撲克牌，讓電腦變得更強。

≫≫≫ 可利用何種演算法讓電腦變強？

如果雙方都是人類玩家的話，應該會努力記住彼此翻開的撲克牌是哪些數字，以及位於哪個位置，記得越多張，就越有機會在輪到自己的時候，翻出成對的撲克牌。

這次就是要利用這種人類試著翻出成對撲克牌的機制讓電腦變強。具體來說，就是建立一個記憶翻開了哪些撲克牌的列表，再將玩家與電腦翻開的撲克牌的數字代入這個列表。輪到電腦翻牌時，若這個列表之中有成對的撲克牌，就翻開這組撲克牌。

≫≫≫ 確認思考邏輯

接著要確認具有上述演算法的程式。翻牌配對遊戲完成版的檔案名稱為 shinkei_suijaku.py，請大家先執行程式，確認遊戲流程，再為大家說明程式的內容。

程式 6-8-1 ▶ shinkei_suijaku.py　※ 新增的程式碼會以螢光筆標記。

```
01  import tkinter                          載入 tkinter 模組
02  import random                           載入 random 模組
03
04  img = [None]*14                         載入圖片的列表
05  card = [0]*26                           代入撲克牌編號的列表
06  face = [0]*26                           管理撲克牌正反面的列表
07  memo = [0]*26                           讓電腦記住撲克牌的列表
08  proc = 0                                管理遊戲進行流程的變數
09  tmr = 0                                 管理時間的變數
10  sel1 = 0                                第 1 張翻開的撲克牌的位置（元素編號）
11  sel2 = 0                                第 2 張翻開的撲克牌的位置（元素編號）
12  you = 0                                 計算玩家取得幾張撲克牌的變數
13  com = 0                                 計算電腦取得幾張撲克牌的變數
14  FNT = ("Times New Roman", 36)           定義字型
15
16  def draw_card():                        定義顯示撲克牌的函數
17      cvs.delete("all")                   清除畫布的內容
18      for i in range(26):                 迴圈 i 會從 0 遞增至 25
19          x = (i%7)*120+60                顯示撲克牌的 X 座標
20          y = int(i/7)*168+84             顯示撲克牌的 Y 座標
21          if face[i]==0:                  假設 face[i] 的值為 0
22              cvs.create_image(x, y, image=img[0])   顯示撲克牌的背面（蓋牌狀態）
23          if face[i]==1:                  假設 face[i] 的值為 1
24              cvs.create_image(x, y,      顯示撲克牌的正面
    image=img[card[i]])
```

接續下一頁

25	
26 `def shuffle_card():`	定義建立撲克牌的函數
27 `for i in range(26):`	迴圈　i 會從 0 遞增至 25
28 `card[i] = 1+i%13`	將 1 至 13 的編號代入 card[]
29 `face[i] = 0`	將 0 代入 face[]，讓撲克牌翻成背面
30 `memo[i] = 0`	將 0 代入 memo[]
31 `for i in range(100):`	利用 for 迴圈執行 100 次
32 `r1 = random.randint(0, 12)`	將 0 ～ 12 的亂數代入 r1
33 `r2 = random.randint(13, 25)`	將 13 ～ 25 的亂數代入 r2
34 `card[r1], card[r2] = card[r2], card[r1]`	調換兩張撲克牌的位置
35	
36 `def click(e):`	點擊滑鼠左鍵時的函數
37 `global proc, tmr, sel1, sel2, you, com`	將這些變數宣告為全域變數
38 `if proc == 0:`	當 proc 為 0
39 `shuffle_card()`	呼叫 shuffle_card() 讓撲克牌就定位
40 `you = 0`	將 you 的值設定為 0
41 `com = 0`	將 com 的值設定為 0
42 `proc = 1`	將 proc 設定為 1
43 `return`	在此脫離函數
44 `x = int(e.x/120)`	將點選的撲克牌代入
45 `y = int(e.y/168)`	變數 x、y
46 `if 0<=x and x<=6 and 0<=y and y<=3:`	當 x 為 0 ～ 6，而且 y 為 0 ～ 3
47 `n = x+y*7`	將 x+y*7 的值代入 n
48 `if n >= 26:`	如果 n 大於等於 26，代表點選了
49 `return`	沒有撲克牌的位置，脫離函數
50 `if face[n]==0:`	假設 face[n] 為 0（撲克牌為蓋牌的狀態）
51 `if proc==1:`	proc 為 1 的時候
52 `face[n] = 1`	將 face[n] 設定為 1，讓撲克牌翻成正面
53 `sel1 = n`	將該撲克牌的位置代入 sel1
54 `proc = 2`	將 proc 設定為 2
55 `elif proc==2:`	否則，在 proc 為 2 的時候
56 `face[n] = 1`	將 face[n] 設定為 1，讓撲克牌翻成正面
57 `sel2 = n`	將該撲克牌的位置代入 sel2
58 `proc = 3`	將 proc 設定為 3，判斷撲克牌是否一致
59 `tmr = 0`	將 0 代入 tmr
60	
61 `def main():`	進行主要處理的函數
62 `global proc, tmr, sel1, sel2, you, com`	將這些變數宣告為全域變數
63 `tmr += 1`	讓 tmr 的值遞增 1
64 `draw_card()`	繪製撲克牌
65 `if proc==0 and tmr%10<5: # 等待遊戲開始`	當 proc 為 0，tmr%10<5 的時候
66 `cvs.create_text(780, 580, text="Click to start.", fill="green", font=FNT)`	顯示 Click to start.
67 `if 1<=proc and proc<=3:`	當 proc 為 1 ～ 3 的時候（玩家翻牌）
68 `cvs.create_rectangle(840, 60, 960, 200, fill="blue", width=0)`	在 you 的背面繪製藍色矩形
69 `cvs.create_text(900, 100, text="YOU", fill="silver", font=FNT)`	顯示 YOU
70 `cvs.create_text(900, 160, text=you, fill="white", font=FNT)`	顯示 you 的值
71 `if 4<=proc and proc<=6:`	當 proc 為 4 ～ 6 的時候（電腦翻牌）
72 `cvs.create_rectangle(840, 260, 960, 400, fill="red", width=0)`	在 com 的背面繪製紅色矩形
73 `cvs.create_text(900, 300, text="COM", fill="silver", font=FNT)`	顯示 COM
74 `cvs.create_text(900, 360, text=com, fill="white", font=FNT)`	顯示 com 的值

```
75      if proc==3 and tmr==15: # 判斷撲克牌是否一致
76          if card[sel1]==card[sel2]:
77              face[sel1] = 2
78              face[sel2] = 2
79              you += 2
80              proc = 1
81              if you+com==26: proc = 7
82          else:
83              face[sel1] = 0
84              face[sel2] = 0
85              memo[sel1] = card[sel1]
86              memo[sel2] = card[sel2]
87              proc = 4
88          tmr = 0
89      if proc==4 and tmr==5: # 電腦翻第1張撲克牌
90          sel1 = random.randint(0, 25)
91          while face[sel1]!=0: sel1 = (sel1+1)%26
92          face[sel1] = 1
93          proc = 5
94          tmr = 0
95      if proc==5 and tmr==5: # 電腦翻第2張撲克牌
96          sel2 = random.randint(0, 25)
97          while face[sel2]!=0: sel2 = (sel2+1)%26
98          for i in range(26):
99              if memo[i]==card[sel1] and face[i]==0:
100                 sel2 = i
101         face[sel2] = 1
102         proc = 6
103         tmr = 0
104     if proc==6 and tmr==15: # 判斷撲克牌是否一致
105         if card[sel1]==card[sel2]:
106             face[sel1] = 2
107             face[sel2] = 2
108             com += 2
109             proc = 4
110             if you+com==26: proc = 7
111         else:
112             face[sel1] = 0
113             face[sel2] = 0
114             memo[sel1] = card[sel1]
115             memo[sel2] = card[sel2]
116             proc = 1
117         tmr = 0
118     if proc==7:
119         if you>com:
120             cvs.create_text(780, 580, text="YOU
WIN!", fill="skyblue", font=FNT)
121         if com>you:
122             cvs.create_text(780, 580, text="COM
WIN!", fill="pink", font=FNT)
123         if tmr==25:
124             proc = 0
125     root.after(200, main)
126
127 root = tkinter.Tk()
128 root.title("翻牌配對遊戲")
129 root.resizable(False, False)
```

當 proc 為 3，tmr 為 15 的時候
如果翻開的兩張撲克牌為相同號碼
將 2 代入 face[]
消除這兩張撲克牌
讓 you 的值增加 2
將 proc 設定為 1
全部的撲克牌都翻完之後，將 proc 設定
為 7，結束遊戲
如果兩張撲克牌不同
將 face[] 設定為 0
讓這兩張撲克牌蓋牌
將撲克牌的編號代入
電腦記憶撲克牌的列表
將 proc 設定為 4，進行電腦的處理
將 0 代入 tmr

當 proc 為 4，tmr 為 5 的時候
以亂數決定第 1 張要翻的撲克牌
尋找蓋著的撲克牌
將 face[] 設定為 1，讓撲克牌翻成正面
將 proc 設定為 5
將 0 代入 tmr

當 proc 為 5，tmr 為 5 的時候
以亂數決定第 2 張要翻的撲克牌
尋找蓋著的撲克牌
讓 i 不斷地從 0 遞增至 25
假設記住的撲克牌之中，
有與第 1 張撲克牌相同的撲克牌
將 i 值代入 sel2
將 face[] 設定為 1，讓撲克牌翻成正面
將 proc 設定為 6
將 0 代入 tmr

當 proc 為 6，tmr 為 15 的時候
假設兩張翻開的撲克牌相同
將 2 代入 face[]
消除這兩張撲克牌
com 的值增加 2
將 proc 設定為 4
全部的撲克牌都翻完之後，將 proc 設定
為 7，結束遊戲
如果兩張撲克牌不同
將 face[] 設定為 0
讓這兩張撲克牌蓋牌
將撲克牌的編號代入
電腦記憶撲克牌的列表
將 proc 設定為 1，進行玩家的處理
將 0 代入 tmr

當 proc 為 7 時
如果 you 的值大於 com
顯示 YOU WIN!

如果 com 的值大於 you
顯示 COM WIN!

當 tmr 為 25
將 proc 設定為 0，進入等待遊戲開始的處理
在 200 毫秒之後呼叫 main() 函數

建立視窗物件
指定視窗標題
禁止調整視窗大小

接續下一頁

```
130  root.bind("<Button>", click)
131  cvs = tkinter.Canvas(width=960, height=672,
     bg="black")
132  cvs.pack()
133  for i in range(14):
134      img[i] = tkinter.PhotoImage(file="card/"+str
     (i)+".png")
135  main()
136  root.mainloop()
```

指定按下滑鼠左鍵執行的函數
建立畫布元件

在視窗配置畫布
迴圈　i 會從 0 遞增至 13
將撲克牌圖片載入 img[i]

呼叫 main() 函數
執行視窗處理

表 6-8-1　主要的列表與變數

img[]	載入圖片檔
card[]	管理撲克牌的編號
face[]	管理撲克牌的正反面狀態（0 為背面，1 為正面）
memo[]	在翻開撲克牌之後，記住該撲克牌的編號
proc、tmr	管理遊戲流程
sel1、sel2	翻開的第 1 張、第 2 張撲克牌的位置（元素編號） ※ 這個變數值不是撲克牌的數字
you、com	玩家與電腦取得的撲克牌張數

執行畫面與前一節的「**圖 6-7-1 執行結果**」相同，故予以省略。

舉例來說，我們人類在玩翻牌配對遊戲時，若是記得左上角的撲克牌是 A，會故意不翻這張 A，而是翻其他的撲克牌，直到翻出另一張 A 之後，才翻開左上角的 A 湊成一對。這種從左上角開始翻牌，比較有機會湊成一對。這次撰寫的電腦思考邏輯也會依照類似的流程翻牌，在此為大家說明其中的機制。

⟫⟫ 記住哪個位置是哪張撲克牌

完成版的程式是於第 7 行宣告 memo[] 這個列表。這個列表會記住哪個位置是哪張撲克牌。例如，玩家翻開第 1 列從左數來第 3 張撲克牌，結果發現這張撲克牌是 Q 的話，就將 12 代入 memo[2]。這個處理會在玩家沒有湊成一對的第 85 ~ 86 行，以及電腦沒有湊成一對的第 114 ~ 115 行進行，使用的都是下列的公式。

```
memo[sel1] = card[sel1]
memo[sel2] = card[sel2]
```

››› 電腦的思考邏輯

電腦翻開第一張撲克牌的第 89 ～ 94 行的處理與之前的 list6_7.py 相同，只是隨機挑選撲克牌。思考邏輯是於電腦翻開第 2 張撲克牌的處理追加。讓我們針對第 95 ～ 103 行翻開第二張撲克牌的處理了解電腦的思考邏輯。

```python
if proc==5 and tmr==5: # 電腦翻第2張撲克牌
    sel2 = random.randint(0, 25)
    while face[sel2]!=0: sel2 = (sel2+1)%26
    for i in range(26):
        if memo[i]==card[sel1] and face[i]==0:
            sel2 = i
    face[sel2] = 1
    proc = 6
    tmr = 0
```

將亂數代入 sel2，再以後續的 while 迴圈決定翻開的撲克牌之後，假設有與第一張撲克牌相同的撲克牌，就利用粗體字的 for 與 if 將第二張撲克牌的值（列表的元素編號）代入 sel2，讓第一張與第二張撲克牌湊成一對。

››› 調整電腦的聰明程度

我們人類若是記住成對的撲克牌位於何處，就一定會翻開這兩張撲克牌，但這次的程式沒有為電腦撰寫這種處理。如果電腦也會記住成對的撲克牌位於何處，而且一定會翻開這兩張撲克牌的話，肯定會變得更強。

不過，就算只是這次的演算法，大部分的人應該都會覺得電腦很強才對，或許有讀者希望電腦弱一點。

其實要讓電腦變弱也很簡單，就是將第 85 ～ 86 行與第 114 ～ 115 行的翻牌記憶處理，如下將其中一行的程式碼轉換成註解即可。如此一來，電腦記住的撲克牌就會減少，也就會變弱。

```
85          memo[sel1] = card[sel1]
86 #        memo[sel2] = card[sel2]
```

```
114 #       memo[sel1] = card[sel1]
115         memo[sel2] = card[sel2]
```

也可以只讓這兩個區塊的其中一行轉換成註解，看看電腦的強度是否適中。如果很想讓電腦變得很弱，可試著將這兩個區塊的三行程式碼轉換成註解。

我覺得這次的電腦很強耶，一不小心就會輸掉遊戲。

除了調整電腦的強度之外，還可以仿照人類對戰的方式，決定先攻與後攻，試著強化寫程式的能力！

COLUMN

沒有任何作弊的思考邏輯備受歡迎

所謂的作弊就是虛偽的意思。在電腦桌上遊戲之中，有些會利用某些操作（計算）讓電腦變強，而這種遊戲就有作弊的成分。

這次撰寫的記憶撲克牌處理是非常正統的演算法，而具備這種思考邏輯的遊戲則可標榜「沒有任何作弊」或是「搭載正統思考邏輯」。喜歡桌上遊戲的玩家通常喜歡這種沒有任何作弊的思考邏輯。筆者曾開發過沒有任何作弊成分的四人麻將思考邏輯，也得到許多人的喜愛，成為我所經營的遊戲開發公司的熱銷商品，我也因此了解開發正統的思考邏輯有多麼重要。

容我再多說一點有關這套麻將遊戲的事情。我從學生時代就很喜歡打麻將，某天突然想在自家公司的產品線增加正統麻將遊戲，便一個人著手開發這套遊戲。其實只要稍微作點弊，就能讓電腦變得很強，但是對於喜歡打麻將的本人來說，這種作弊的行為很要不得，所以使用心開發程式，讓電腦模仿人類打牌的邏輯，試著透過這樣的方法讓電腦變強。從零開發是件非常困難的事，在歷經千辛萬苦，做出這套產品之後，這十幾年內，有許多使用者對這套遊戲樂此不疲。

COLUMN

試著替換圖片

如果更換遊戲裡的圖片,就能讓遊戲的感覺與世界觀為之一變,也會賦予遊戲另一種趣味性。這次要介紹將撲克牌換成貓咪照片的程式。

本專欄使用的圖片檔可從書籍支援網站下載。解壓縮 ZIP 檔案之後,可以發現「Chapter6」資料夾之中的「cat」資料夾儲存了下列這些貓咪照片。

圖 6-C-1　貓咪照片的卡片

這個程式的檔案名稱為 shinkei_suijaku_**kai**.py,主要是在第 42 ～ 43 行以及第 135 行進行了下列的變更。

```
42        proc = 4
43        tmr = 0
```

上述的變更能讓對手先翻牌。

```
134  for i in range(14):
135      img[i] = tkinter.PhotoImage(file="cat/"+str(i)+".png")
```

上述的變更會載入貓咪圖片。

接續下一頁

圖 6-C-2　執行結果

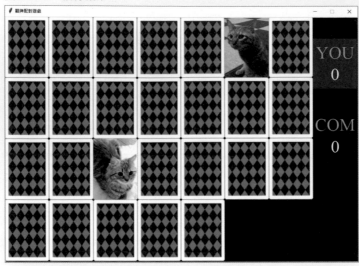

換成貓咪照片之後，應該有不少人覺得比翻撲克牌更有趣了吧。大家不妨自行準備照片或是插圖，改變卡片的設計玩玩看吧。

如果使用家人或朋友的照片，
應該會變成很歡樂的遊戲。

如果是自己要玩的遊戲，可換成動漫
或遊戲的主角、藝人的照片。
要注意的是，這種遊戲不能放在網路
上，否則會侵犯著作權或肖像權。

本章與下一章要製作黑白棋。這一張會先製作點選棋盤下棋的部分，以及在夾住對手的棋子之後，讓對手的棋子翻面的處理，藉此完成遊戲的流程。

下一章則是撰寫讓電腦變強的思考邏輯，學習開發正統演算法的方法。

製作黑白棋遊戲
～前篇～

Chapter

7

在畫布繪製棋盤

這節要從說明黑白棋的規則，以及撰寫顯示棋盤的程式碼開始介紹。

>>> 何謂黑白棋

黑白棋就是兩名玩家在棋盤放置黑子與白子，想辦法以自己的棋子夾住對方的棋子，讓對方的棋子翻成自己的顏色，而兩名玩家的棋子都是一面是黑色的，一面是白色的。

市售的黑白棋會以下列這種棋盤進行遊戲。

圖 7-1-1　桌上遊戲的黑白棋

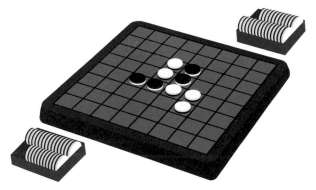

棋盤為 8 列×8 欄的大小，所以本書也打算製作以 8×8 格的棋盤進行遊戲的黑白棋。

先攻為黑子，後攻為白子，雙方下到所有的棋格被下滿，遊戲就結束，但有時候會在棋格未被下滿的時候結束。

遊戲結束時，計算黑子與白子的數量，數量較多的一方獲勝。若數量相同則視為平手。

這種黑白棋在日本稱為「Othello」，但其實這是黑白棋廠商的註冊商標。

⟫⟫⟫ 顯示棋盤

本書製作的黑白棋是利用圖形繪製命令繪製介面，而不是使用圖檔。這次會從在視窗配置畫布，以及顯示棋盤的部分開始撰寫程式。由於要顯示視窗，所以會使用 tkinter。請輸入下列的程式，再執行與確認執行結果。

程式 7-1-1 ▶ list7_1.py

```
01  import tkinter                                    載入 tkinter 模組
02
03  def banmen():                                     顯示棋盤的函數
04      for y in range(8):                            迴圈  x 從 0 遞增至 7
05          for x in range(8):                        迴圈  y 從 0 遞增至 7
06              X = x*80                              棋格的 X 座標
07              Y = y*80                              棋格的 Y 座標
08              cvs.create_rectangle(X, Y, X+80, Y+80,  繪製以（X,Y）為左上角的正方形
    outline="black")
09
10  root = tkinter.Tk()                               建立視窗物件
11  root.title("黑白棋")                               指標視窗標題
12  root.resizable(False, False)                      禁止調整視窗大小
13  cvs = tkinter.Canvas(width=640, height=700,       建立畫布元件
    bg="green")
14  cvs.pack()                                         在視窗配置畫布
15  banmen()                                           呼叫 banmen() 函數
16  root.mainloop()                                    執行視窗處理
```

圖 7-1-2　執行結果

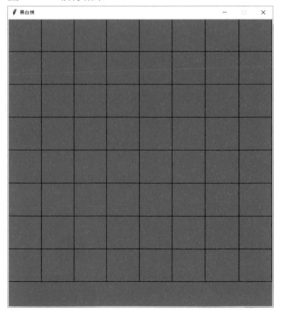

※之後會在棋格的下緣（視窗
下方）的空白處顯示訊息。

第 3 ～ 8 行定義了繪製遊戲介面的函數。函數名稱訂為日文「盤面」的羅馬發音「banmen()」。這個函數會利用變數 y 與 x 定義的雙重迴圈，依照下圖的方式從左上至右下繪製 8×8 格的棋盤。

棋格是以繪製矩形的 create_rectangle() 命令顯示。

圖 7-1-3　以雙重迴圈繪製棋格

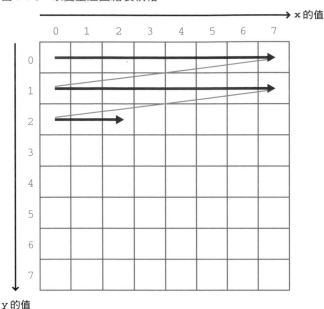

第 10 ～ 16 行建立了視窗，配置了畫布，執行了視窗處理。這些都是在前幾章學過的內容。

一般的黑白棋都是8×8格的大小，但也有6×6的迷你黑白棋喲！

對啊！聽說電腦已經將 6×6 的黑白棋的所有棋譜分析完畢，但 8×8 的黑白棋在本書出版時，似乎還未被完全剖析。

是喔，電腦的進步真是神速，總有一天會被完全剖析吧！

Lesson 7-2 以列表管理棋子

第 5 章的井字遊戲是以二維列表管理 3×3 的棋格,而這次的黑白棋也要以二維列表管理在 8×8 的棋格之中,有哪些顏色的棋子。在此要以點選後,在棋格配置棋子的程式確認以二維列表管理資料的流程。

>>> 以二維列表管理盤面的狀態

請輸入下列的程式,再執行與確認執行結果。只要點選空白的棋格就會配置黑子,點選黑子就會變成白子,點選白子,棋格就會回復空白的狀態。

程式 7-2-1 ▶ list7_2.py　※新增的程式碼會以螢光筆標記。

```python
01  import tkinter                                      載入 tkinter 模組
02
03  BLACK = 1                                           用於管理黑子的常數
04  WHITE = 2                                           用於管理白子的常數
05  board = [                                           管理棋盤的列表
06  [0, 0, 0, 0, 0, 0, 0, 0],
07  [0, 0, 0, 0, 0, 0, 0, 0],
08  [0, 0, 0, 0, 0, 0, 0, 0],
09  [0, 0, 0, 2, 1, 0, 0, 0],
10  [0, 0, 0, 1, 2, 0, 0, 0],
11  [0, 0, 0, 0, 0, 0, 0, 0],
12  [0, 0, 0, 0, 0, 0, 0, 0],
13  [0, 0, 0, 0, 0, 0, 0, 0]
14  ]
15
16  def click(e):                                       於點選棋盤時執行的函數
17      mx = int(e.x/80)                                將滑鼠游標的 X 座標除以 80 再代入 mx
18      my = int(e.y/80)                                將滑鼠游標的 Y 座標除以 80 再代入 my
19      if mx>7: mx = 7                                 當 mx 超過 7 就設定為 7
20      if my>7: my = 7                                 當 my 超過 7 就設定為 7
21      if board[my][mx]==0:                            當點選的棋格為空白
22          board[my][mx] = BLACK                       將 board[my][mx] 設定為 BLACK 與配置黑子
23      elif board[my][mx]==BLACK:                      當點選的棋格為黑子
24          board[my][mx] = WHITE                       將 board[my][mx] 設定為 WHITE 與配置白子
25      elif board[my][mx]==WHITE:                      當點選的棋格為白子
26          board[my][mx] = 0                           將 board[my][mx] 設定為 0 與消除棋子
27      banmen()                                        呼叫繪製棋盤的函數
28
29  def banmen():                                       定義顯示棋盤的函數
30      cvs.delete("all")                               清除畫布
31      for y in range(8):                              迴圈　y 從 0 遞增至 7
32          for x in range(8):                          迴圈　x 從 0 遞增至 7
33              X = x*80                                棋格的 X 座標
34              Y = y*80                                棋格的 Y 座標
35              cvs.create_rectangle(X, Y, X+80, Y+80,  繪製以(X, Y)為左上角的正方形
    outline="black")
```

接續下一頁

36	`        if board[y][x]==BLACK:`	當 board[y][x] 的值為 BLACK
37	`            cvs.create_oval(X+10, Y+10, X+70,` `Y+70, fill="black", width=0)`	顯示黑色圓形
38	`        if board[y][x]==WHITE:`	當 board[y][x] 的值為 WHITE
39	`            cvs.create_oval(X+10, Y+10, X+70,` `Y+70, fill="white", width=0)`	顯示白色圓形
40		
41	`root = tkinter.Tk()`	建立視窗物件
42	`root.title("黑白棋")`	指標視窗標題
43	`root.resizable(False, False)`	禁止調整視窗大小
44	`root.bind("<Button>", click)`	指定在按下滑鼠左鍵時執行的函數
45	`cvs = tkinter.Canvas(width=640, height=700,` `bg="green")`	建立畫布元件
46	`cvs.pack()`	在視窗配置畫布
47	`banmen()`	呼叫 banmen() 函數
48	`root.mainloop()`	執行視窗處理

圖 7-2-1　執行結果

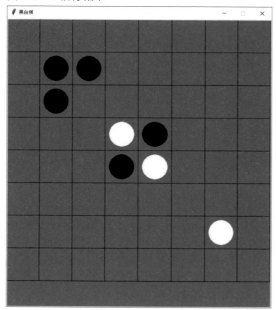

第 3 ～ 4 行宣告了管理黑子與白子的常數，宣告內容分別是 BLACK=1、WHITE=2。
第 5 ～ 14 行宣告了管理盤面的二維列表 board[][]。board[][] 的初始值為在棋盤正中
央各配置兩顆黑子與白子。

banmen() 函數的第 36 ～ 39 行的部分是在 board[][] 的值為 BLACK（1）的時候，
在該棋格繪製黑子，在該值為 WHITE（2）的時候繪製白子。棋子是以繪製圓形的
create_oval() 命令繪製。

第 16 ～ 27 行是點選視窗（盤面）就觸發的 click() 函數。在此針對這個函數說明。

```
def click(e):
    mx = int(e.x/80)
    my = int(e.y/80)
    if mx>7: mx = 7
    if my>7: my = 7
    if board[my][mx]==0:
        board[my][mx] = BLACK
    elif board[my][mx]==BLACK:
        board[my][mx] = WHITE
    elif board[my][mx]==WHITE:
        board[my][mx] = 0
    banmen()
```

按下滑鼠左鍵的時候，會以第 44 行的 root.bind("<Button>", click) 呼叫 click() 這個
函數。

click(e) 的參數 e 在加上 .x 與 .y 之後，e.x 與 e.y 就是滑鼠游標的座標。以棋格大小
（寬與高的點數）的 80 除以這個值，再將這個值轉換成整數之後，分別代入變數 mx
與 my。由於棋格有 8×8 個，所以利用 if 條件式禁止 mx 與 my 的值大於 7。

接著是當 board[my][mx] 為 0 時，將 BLACK 的值代入 board[my][mx] 以及配置黑
子。假設 board[my][mx] 的值為 BLACK，則代入 WHITE，以及將黑子換成白子，當
board[my][mx] 為 WHITE，則代入 0，讓棋格回復空白的狀態。

》》》 關於二維列表的宣告

這個程式宣告了下列的二維列表。

```
board = [
 [0, 0, 0, 0, 0, 0, 0, 0],
 [0, 0, 0, 0, 0, 0, 0, 0],
 [0, 0, 0, 0, 0, 0, 0, 0],
 [0, 0, 0, 2, 1, 0, 0, 0],
 [0, 0, 0, 1, 2, 0, 0, 0],
 [0, 0, 0, 0, 0, 0, 0, 0],
 [0, 0, 0, 0, 0, 0, 0, 0],
 [0, 0, 0, 0, 0, 0, 0, 0]
]
```

這種寫法的二維列表很容易看懂構造，也很適合程式設計的初學者使用。直到 Lesson 7-5 之前，都會使用這種簡潔的宣告方式。

除了這種方法之外，二維列表還可以利用宣告空白列表，再以 for 與 append() 命令建立。

這次是以棋格的格數除以滑鼠游標的座標，取得點選了哪一格的資訊對吧。井字遊戲與翻牌配對遊戲也都使用了這個方法，所以我也學會這種方法了。

你已經漸漸學到程式設計的知識囉。配置棋格的遊戲通常都會用到這類計算，所以一定要學得很徹底喲！

Lesson 7-3　讓被夾住的棋子翻面

接著要撰寫的是夾住對手的棋子，讓該棋子翻面的演算法（黑子轉白子、白子轉黑子的處理）。

>>> 該利用何種演算法讓棋子翻面？

黑白棋的規則是在垂直、水平與傾斜的方向夾住對手的棋子時，讓這些棋子全部翻成自己的顏色。在此以在下圖的黃色棋格放黑子的情況説明棋子翻面的規則。

圖 7-3-1　棋子翻面的規則

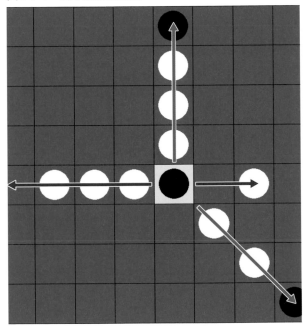

接下來都將黑子轉白子、白子轉黑子説成「翻面」。

從這張圖可以發現，黃色棋格上方有三顆白子，三顆白子之後還有黑子，所以在黃色棋格放置黑子之後，這三顆白子都會翻成黑色。同理可證，右下方的兩顆白子之後也有黑子，所以這兩顆白子也會翻成黑色。

雖然左側也有三顆白子，後續卻沒有接著黑子，所以不能讓這三顆白子翻面。此外，黃色棋格右側沒有棋子，所以無法讓位於空一格之處的白子翻面。

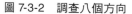

調查所有的方向

除了**圖 7-3-1** 說明的方向之外，還有左上、右上、左下以及下方這些方向，總計有八個方向。要利用程式讓棋子翻面，就要如下圖搜尋所有方向，確認這些方向之中，有沒有對手的棋子，以及後續是否接著自己的棋子，而且對手的棋子必須是連續的，中間不能有任何空格。

圖 7-3-2　調查八個方向

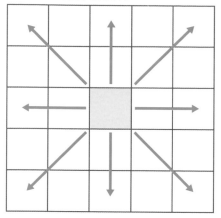

確認執行內容

接著要撰寫上述讓棋子翻面的處理。下列的程式會在左上角的棋格以及中央偏右下的棋格配置黑子之後，讓白子翻面。請大家先執行程式，後續再為大家說明調查八個方向，讓棋子翻面的處理。

程式 7-3-1 ▶ list7_3.py　※ 新增的程式碼會以螢光筆標記。

```
01  import tkinter
02
03  BLACK = 1
04  WHITE = 2
05  board = [
06      [0, 2, 2, 2, 2, 2, 2, 1],
07      [2, 2, 0, 0, 0, 0, 0, 0],
08      [2, 0, 2, 0, 0, 1, 0, 0],
09      [2, 0, 0, 1, 0, 2, 0, 0],
10      [2, 0, 0, 0, 0, 2, 0, 0],
11      [2, 0, 1, 2, 0, 2, 1],
12      [2, 0, 0, 0, 0, 2, 0, 0],
13      [1, 0, 0, 0, 0, 1, 0, 0]
14  ]
15
16  def click(e):
17      mx = int(e.x/80)
```

載入 tkinter 模組

用於管理黑子的常數
用於管理白子的常數
管理棋盤的列表

於點選棋盤時執行的函數
將滑鼠游標的 X 座標除以 80 再代入 mx

```
18      my = int(e.y/80)
19      if mx>7: mx = 7
20      if my>7: my = 7
21      if board[my][mx]==0:
22          ishi_utsu(mx, my, BLACK)
23      banmen()
24
25  def banmen():
26      cvs.delete("all")
27      for y in range(8):
28          for x in range(8):
29              X = x*80
30              Y = y*80
31              cvs.create_rectangle(X, Y, X+80, Y+80,
    outline="black")
32              if board[y][x]==BLACK:
33                  cvs.create_oval(X+10, Y+10, X+70,
    Y+70, fill="black", width=0)
34              if board[y][x]==WHITE:
35                  cvs.create_oval(X+10, Y+10, X+70,
    Y+70, fill="white", width=0)
36      cvs.update()
37
38  # 下棋，讓對手的棋子翻面
39  def ishi_utsu(x, y, iro):
40      board[y][x] = iro
41      for dy in range(-1, 2):
42          for dx in range(-1, 2):
43              k = 0
44              sx = x
45              sy = y
46              while True:
47                  sx += dx
48                  sy += dy
49                  if sx<0 or sx>7 or sy<0 or sy>7:
50                      break
51                  if board[sy][sx]==0:
52                      break
53                  if board[sy][sx]==3-iro:
54                      k += 1
55                  if board[sy][sx]==iro:
56                      for i in range(k):
57                          sx -= dx
58                          sy -= dy
59                          board[sy][sx] = iro
60                      break
61
62  root = tkinter.Tk()
63  root.title("黑白棋")
64  root.resizable(False, False)
65  root.bind("<Button>", click)
66  cvs = tkinter.Canvas(width=640, height=700,
    bg="green")
67  cvs.pack()
68  banmen()
69  root.mainloop()
```

將滑鼠游標的 Y 座標除以 80 再代入 my
當 mx 超過 7 就設定為 7
當 my 超過 7 就設定為 7
當點選的棋格為空白
執行下棋，讓對手的棋子翻面的函數
繪製棋盤

定義顯示棋盤的函數
清除畫布
迴圈 y 從 0 遞增至 7
迴圈 x 從 0 遞增至 7
棋格的 X 座標
棋格的 Y 座標
繪製以（X, Y）為左上角的正方形

當 board[y][x] 的值為 BLACK
顯示黑色圓形

當 board[y][x] 的值為 WHITE
顯示白色圓形

即時更新畫布

下棋，讓對手的棋子翻面的函數，依照參數在（x, y）的棋格配置對應顏色的棋子
迴圈 dy 將以 -1→0→1 的順序變化
迴圈 dx 將以 -1→0→1 的順序變化
將 0 代入變數 k
將參數 x 的值代入 sx
將參數 y 的值代入 sy
以無限迴圈重複執行程式
┌ 讓 sx 與 sy 的值不斷變化
如果超出棋盤
脫離 while 的迴圈
如果是空白的棋格
脫離 while 的迴圈
如果是對手的棋子
讓 k 的值遞增 1
如果是自己的棋子
┌ 讓被夾住的對手的棋子翻面

脫離 while 的迴圈

建立視窗物件
指標視窗標題
禁止調整視窗大小
指定在按下滑鼠左鍵時執行的函數
建立畫布元件

在視窗配置畫布
呼叫 banmen() 函數
執行視窗處理

※第47～48行的sx += dx與y += dy與sx = sx + dx、sy = sy+dy的意思相同。

圖 7-3-3　執行結果

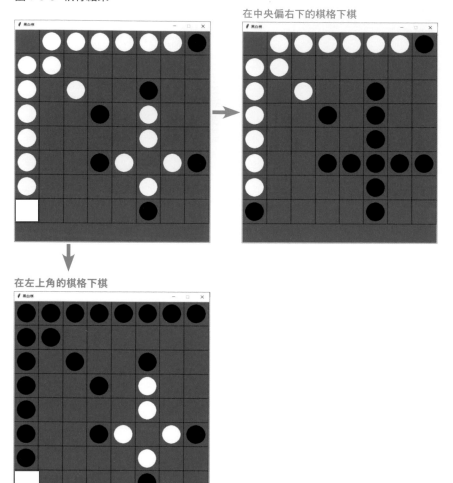

在中央偏右下的棋格下棋

在左上角的棋格下棋

第 39 ～ 60 行定義了配置自己的棋子（與參數指定的顏色對應的棋子）之後，在夾住對手的棋子的情況之下，讓對手的棋子轉換成自己的棋子的函數。

函數名稱為 ishi_utsu(x, y, iro)，這個函數會依照 iro 指定的顏色在 board[y][x] 的棋格配置棋子。在此針對這個函數進行說明。

```python
def ishi_utsu(x, y, iro):
    board[y][x] = iro
    for dy in range(-1, 2):
        for dx in range(-1, 2):
```

```
k = 0
sx = x
sy = y
while True:
    sx += dx
    sy += dy
    if sx<0 or sx>7 or sy<0 or sy>7:
        break
    if board[sy][sx]==0:
        break
    if board[sy][sx]==3-iro:
        k += 1
    if board[sy][sx]==iro:
        for i in range(k):
            sx -= dx
            sy -= dy
            board[sy][sx] = iro
        break
```

這個函數會先以 board[y][x] = iro 的程式，在參數指定的棋格配置 iro 指定的棋子。由於這次在 click() 函數的第 22 行撰寫了 ishi_utsu(mx, my, BLACK)，所以會在點選的棋格配置黑子。

這次的重點在於以黑體字標示的變數 dy 與 dx 撰寫的雙重迴圈。dy 與 dx 都會依照 -1 → 0 → 1 的順序變化。這次會使用這個值確認（x, y）這個棋格的八個方向有哪些棋子。

圖 7-3-4　以雙重迴圈調查八個方向

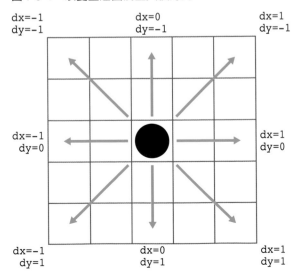

從（x, y）這個棋格調查各方向的棋格時，會將 x 值代入變數 sx，以及將 y 值代入 sy。接著利用 while True 的無限迴圈一邊讓 sx 與 sy 的值產生變化，一邊確認（sx, sy）的棋格屬於何種狀態。由於變數 dy 與 dx 的值會從 dy=-1、dx=-1 開始，所以會從左上角開始確認棋格的狀態。

接著利用下列的演算法確認棋格的狀態。

❶ if sx <0 or sx>7 or sy<0 or sy>7 → 確認位置是否超出棋盤？

如果超出棋盤，就利用 break 脫離 while 的迴圈。

❷ if board[sy][sx]==0 → 棋格是空白的嗎？

如果棋格是空白的，就無法讓棋子翻面，所以也利用 break 脫離迴圈。

❸ if board[sy][sx]==3-iro → 有沒有對手的棋子？

如果有對手的棋子，就讓變數 k 的值遞增 1，計算有幾顆對手的棋子排在一起。

❹ if board[sy][sx]==iro → 有沒有自己的棋子？

如果有自己的棋子，就能讓對手的棋子翻面。這時會利用 for i in range(k) 這個迴圈讓 sx 減去 dx 的值，以及讓 sy 減去 dy 的值，再將 iro 的值代入 board[sy][sx]。就算在配置自己的棋子之後，旁邊立刻是自己的棋子，k 值也一樣為 0，所以不會執行這個 for 迴圈的處理。

》》 讓棋子翻面的 for 迴圈

下列是以❹的 for i in range(k) 的 for 迴圈讓棋子翻面的示意圖。

圖 7-3-5　讓棋子翻面

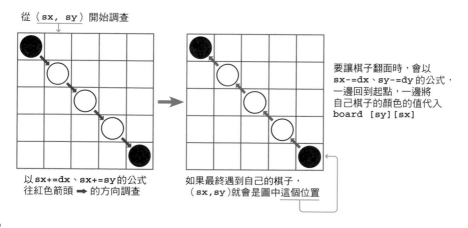

從（`sx, sy`）開始調查

以 `sx+=dx`、`sx+=sy` 的公式
往紅色箭頭 ➡ 的方向調查

要讓棋子翻面時，會以
`sx-=dx`、`sy-=dy` 的公式，
一邊回到起點，一邊將
自己棋子的顏色的值代入
`board [sy][sx]`

如果最終遇到自己的棋子，
（`sx,sy`）就會是圖中這個位置

⟫⟫⟫ dx、dy 都為 0 的情況？

這次以雙重 for 迴圈快速地調查了八個方向。在這個 for 迴圈之中，有時會出現 dy=0、dx=0 的時候。或許有些人會覺得「既然 sx、sy 的值在這時候都不會變化，那為什麼還要調查這種情況？」，在此為大家說明箇中理由。

當 dy、dx 都為 0 的時候，sx 與 sy 與參數 x、y 的值相同，此時也會將 iro 的值代入 board[y][x] 之中，所以當 if board[sy][sx]==iro 的條件式成立，就會利用 for i in range(k) 讓棋子翻面，但由於 k 的值為 0，所以沒有半顆棋子會翻面。如此一來，就能避免發生問題，也能讓所有方向的棋子翻面。

沒想到能以雙重迴圈調查八個方向的狀況，這次真的學到了很多東西啊！

除了雙重迴圈之外，也可以利用 XP=[-1,0,1,-1,1,-1,0,1]、YP=[-1,-1,-1,0,0,1,1,1] 定義調查各方向時的座標變化值，確認棋格的狀態。

咦？這麼一來 XP[0]、YP[0] 就會代入左上角方向遞增或遞減的值，而 XP[7]、YP[7] 則是會代入往右下角遞增或遞減的值，對吧？

看來你已經完全了解列表的用法了。就算是處理內容相同的演算法，也能以不同的方式撰寫相關的程式喲。

取得可以落子的棋格

黑白棋規定只能在對手的棋子會翻面的位置落子,所以不管是玩家還是電腦,都必須在下棋的時候,確認該棋格是否能落子。接下來要建立函數,判斷能否在 board[y][x] 的棋格配置指定顏色的棋子。

>>> 與夾住棋子,讓棋子翻面的演算法相同

確認能否在棋格落子的方法與前一節撰寫的「讓對手的棋子翻面」的演算法相同。在 board[y][x] 落子之前,先以這個棋格為起點,計算在所有方向之中會翻面的棋子,如果計算結果大於等於 1,就能在(x, y)的棋格落子。

>>> 確認執行內容

讓我們一起確認計算會翻面的棋子,以及在能配置黑子的棋格加上藍色圈圈的程式。
這個藍色圈圈只在開發過程中,用於確認執行流程,到了下一節就會刪除。

程式 7-4-1 ▶ llist7_4.py　　※ 新增的程式碼會以螢光筆標記。

```
01   import tkinter
02
03   BLACK = 1
04   WHITE = 2
05   board = [
06       [0, 2, 2, 0, 2, 2, 2, 1],
07       [2, 0, 0, 0, 0, 0, 0, 0],
08       [2, 0, 2, 0, 0, 1, 2, 0],
09       [1, 0, 0, 1, 0, 2, 2, 0],
10       [0, 0, 0, 0, 0, 2, 2, 0],
11       [0, 0, 0, 1, 2, 0, 2, 1],
12       [2, 0, 0, 2, 0, 2, 0, 0],
13       [1, 0, 0, 0, 0, 1, 0, 0]
14   ]
15
16   def click(e):
17       mx = int(e.x/80)
18       my = int(e.y/80)
19       if mx>7: mx = 7
20       if my>7: my = 7
21       if board[my][mx]==0:
22           ishi_utsu(mx, my, BLACK)
23       banmen()
24
25   def banmen():
26       cvs.delete("all")
27       for y in range(8):
```

載入 tkinter 模組

用於管理黑子的常數
用於管理白子的常數
管理棋盤的列表

於點選棋盤時執行的函數
將滑鼠游標的 X 座標除以 80 再代入 mx
將滑鼠游標的 Y 座標除以 80 再代入 my
當 mx 超過 7 就設定為 7
當 my 超過 7 就設定為 7
當點選的棋格為空白
執行下棋,讓對手的棋子翻面的函數
繪製棋盤

定義顯示棋盤的函數
清除畫布
迴圈　y 從 0 遞增至 7

```
28        for x in range(8):
29            X = x*80
30            Y = y*80
31            cvs.create_rectangle(X, Y, X+80, Y+80,
   outline="black")
32            if board[y][x]==BLACK:
33                cvs.create_oval(X+10, Y+10, X+70,
   Y+70, fill="black", width=0)
34            if board[y][x]==WHITE:
35                cvs.create_oval(X+10, Y+10, X+70,
   Y+70, fill="white", width=0)
36            if kaeseru(x, y, BLACK)>0:
37                cvs.create_oval(X+5, Y+5, X+75,
   Y+75, outline="cyan", width=2)
38    cvs.update()
39
40 # 下棋，讓對手的棋子翻面
41 def ishi_utsu(x, y, iro):
42    board[y][x] = iro
43    for dy in range(-1, 2):
44        for dx in range(-1, 2):
45            k = 0
46            sx = x
47            sy = y
48            while True:
49                sx += dx
50                sy += dy
51                if sx<0 or sx>7 or sy<0 or sy>7:
52                    break
53                if board[sy][sx]==0:
54                    break
55                if board[sy][sx]==3-iro:
56                    k += 1
57                if board[sy][sx]==iro:
58                    for i in range(k):
59                        sx -= dx
60                        sy -= dy
61                        board[sy][sx] = iro
62                    break
63
64 # 計算在這個位置下棋，對手的棋子會有幾顆翻面
65 def kaeseru(x, y, iro):
66    if board[y][x]>0:
67        return -1 # 不能落子的棋格
68    total = 0
69    for dy in range(-1, 2):
70        for dx in range(-1, 2):
71            k = 0
72            sx = x
73            sy = y
74            while True:
75                sx += dx
76                sy += dy
77                if sx<0 or sx>7 or sy<0 or sy>7:
78                    break
79                if board[sy][sx]==0:
80                    break
81                if board[sy][sx]==3-iro:
82                    k += 1
```

迴圈　x 從 0 遞增至 7
棋格的 X 座標
棋格的 Y 座標
繪製以（X，Y）為左上角的正方形

當 board[y][x] 的值為 BLACK
顯示黑色圓形

當 board[y][x] 的值為 WHITE
顯示白色圓形

在可以配置黑子的棋格
顯示藍色圈圈

即時更新畫布

下棋，讓對手的棋子翻面的函數，依照參
數在（x, y）的棋格配置對應顏色的棋子
迴圈　dy 將以 -1→0→1 的順序變化
迴圈　dx 將以 -1→0→1 的順序變化
將 0 代入變數 k
將參數 x 的值代入 sx
將參數 y 的值代入 sy
以無限迴圈重複執行程式
讓 sx 與 sy 的值不斷變化

如果超出棋盤
脫離 while 的迴圈
如果是空白的棋格
脫離 while 的迴圈
如果是對手的棋子
讓 k 的值遞增 1
如果是自己的棋子
讓被夾住的對手的棋子翻面

脫離 while 的迴圈

計算在這個位置下棋，對手的棋子會有幾顆翻面
如果（x, y）的棋格有棋子
傳回 -1，離開函數
將 0 代入變數 total
迴圈　dy 會依照 -1→0→1 的順序變化
迴圈　dx 會依照 -1→0→1 的順序變化
將 0 代入變數 k
將參數 x 代入 sx
將參數 y 代入 sy
以無限迴圈重複執行程式
讓 sx 與 sy 的值不斷變化

如果超出棋盤
脫離 while 的迴圈
如果是空白的棋格
脫離 while 的迴圈
如果是對手的棋子
讓 k 的值遞增 1

接續下一頁

```
83          if board[sy][sx]==iro:          如果是自己的棋子
84              total += k                  將 k 值遞增至 total
85              break                       脫離 while 的迴圈
86      return total                        傳回 total 的值
87
88  root = tkinter.Tk()                     建立視窗物件
89  root.title("黑白棋")                     指標視窗標題
90  root.resizable(False, False)            禁止調整視窗大小
91  root.bind("<Button>", click)            指定在按下滑鼠左鍵時執行的函數
92  cvs = tkinter.Canvas(width=640, height=700,  建立畫布元件
    bg="green")
93  cvs.pack()                              在視窗配置畫布
94  banmen()                                呼叫 banmen() 函數
95  root.mainloop()                         執行視窗處理
```

圖 7-4-1　執行結果

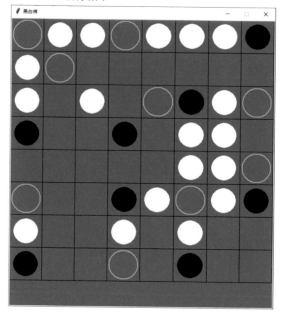

第 65 ～ 86 行定義了 kaeseru() 函數，計算在指定的棋格落子後，對手的棋子會有幾顆翻面。這個函數會以參數 x 與 y 接受落子的棋格，再以參數 iro 接受落子的顏色，計算對手的棋子會有幾顆翻面，再傳回翻面的顆數。在此針對 kaeseru() 函數說明。

```
def kaeseru(x, y, iro):
    if board[y][x]>0:
        return -1 # 不能落子的棋格
    total = 0
```

```
for dy in range(-1, 2):
    for dx in range(-1, 2):
        k = 0
        sx = x
        sy = y
        while True:
            sx += dx
            sy += dy
            if sx<0 or sx>7 or sy<0 or sy>7:
                break
            if board[sy][sx]==0:
                break
            if board[sy][sx]==3-iro:
                k += 1
            if board[sy][sx]==iro:
                total += k
                break
return total
```

基本上，這部分的處理與前一節的 ishi_utsu() 函數相同。ishi_utsu() 函數會傳回對手被夾住的棋子，但這個 kaeseru() 函數則是傳回會有幾顆棋子翻面。

這個函數先利用 if board[y][x]>0 的 if 條件式確認參數（x, y）的棋格能否配置棋子。如果該棋格已經配置了棋子，就無法落子，所以傳回 -1，結束函數的處理。此時其實可以傳回 0，但若是傳回 -1，就能在玩家準備在有棋子的棋格落子（傳回 -1 的時候），顯示「這裡已經有棋子」的訊息，能更快改良這部分的程式。

後續的處理就如前一節學過的，也就是利用雙重 for 迴圈逐步確認 8 個方向，再以變數 k 計算可翻面的對手的棋子，再將 k 值遞增至變數 total。

kaeseru() 函數最後會傳回 total 的值。

ishi_utsu() 函數或 kaeseru() 函數確認盤面狀態的處理是完成黑白棋不可或缺的演算法。如果還不熟悉這個部分，請務必翻回前一節，重新複習一次。

>>> 了解在目前的盤面之中，是否有可落子的棋格

對盤面所有的棋格執行 kaeseru() 函數，確認傳回值是否大於等於 1，就能知道現在的盤面是否有可以落子的棋格。下一節要讓玩家與電腦輪流下棋，而這時候要先呼叫 kaeseru()，確認目前的盤面是否有可以落子的棋格。

這一節建立了完成黑白棋所需的函數耶。

對啊，開發軟體就是要依序撰寫需要的處理。雖然有些資深的程式設計師會一次撰寫多項處理，但基本上還是一個一個撰寫，確認各項處理有沒有問題也很重要。

讓電腦下棋

現在要讓玩家與電腦輪流下棋。這次讓玩家執黑子，讓電腦執白子。下一節則會調整成讓玩家選擇先攻或後攻的模式，如果玩家選擇後攻，玩家就會執白子（電腦則是執黑子）。

》》》 利用變數管理遊戲流程

這次要建立 proc 這個變數，再根據這個變數的值讓玩家與電腦輪流下棋，以及讓對手的棋子翻面。這次將 proc 的值設定為 0～5，再利用這幾個值進行不同的處理。為了做到這點，建立了 main() 函數，在這個函數之中進行不同的處理。

表 7-5-1　proc 的值與處理的內容

proc 的值	處理內容
0	標題畫面※
1	顯示該誰下棋的訊息
2	玩家或電腦決定落子的棋格
3	換邊下棋
4	確認玩家與電腦能落子的棋格，若沒有這類棋格，就結束遊戲。確認玩家或電腦有沒有下一個能落子的棋格，如果沒有就會回到 3 的步驟，換邊下棋
5	判斷勝負

※ 標題畫面與判斷勝負的部分會於下一節撰寫，在此先撰寫 1～4 的處理。

》》》 讓玩家與電腦共用相同的處理

在前一章製作的翻牌配對遊戲是以下列的方式，將玩家與電腦的處理分開來。

表 7-5-2　翻牌配對遊戲的處理

proc 的值	處理內容	
1	玩家翻第 1 張牌	
2	玩家翻第 2 張牌	屬於玩家的處理
3	確認玩家翻的 2 張牌是否相同	
4	電腦翻第 1 張牌	
5	電腦翻第 2 張牌	屬於電腦的處理
6	確認電腦翻的 2 張牌是否相同	

就如**表 7-5-1** 所示，黑白棋會讓玩家與電腦採用相同的處理，也就是在 proc 為 2 時，讓玩家或電腦下棋，以及在 proc 為 4 時，確認對奕是否繼續。這次為了管理輪誰下棋，建立了 turn 變數。

⟫⟫ 確認執行內容

接著一起確認具備上述處理的程式內容。玩家下了黑子之後，電腦會隨機下白子。
玩家與電腦都無法在棋子不會翻面的棋格落子。如果無法落子，就換對方下棋，如果雙方都無法落子，對奕就結束。

程式 7-5-1 ▶ list7_5.py　※ 新增的程式碼會以螢光筆標記。

```
01  import tkinter                                          載入 tkinter 模組
02  import random                                          載入 random 模組
03
04  BLACK = 1                                              用於管理黑子的常數
05  WHITE = 2                                              用於管理白子的常數
06  mx = 0                                                 被點選的棋格的欄
07  my = 0                                                 被點選的棋格的列
08  mc = 0                                                 在畫面被點選的時候，代入 1 的變數
09  proc = 0                                               管理遊戲流程的變數
10  turn = 0                                               管理輪誰下棋的變數
11  msg = ""                                               顯示訊息的變數（代入字串）
12  board = [                                              ┌ 管理棋盤的列表
13   [0, 0, 0, 0, 0, 0, 0, 0],
14   [0, 0, 0, 0, 0, 0, 0, 0],
15   [0, 0, 0, 0, 0, 0, 0, 0],
16   [0, 0, 0, 2, 1, 0, 0, 0],
17   [0, 0, 0, 1, 2, 0, 0, 0],
18   [0, 0, 0, 0, 0, 0, 0, 0],
19   [0, 0, 0, 0, 0, 0, 0, 0],
20   [0, 0, 0, 0, 0, 0, 0, 0]
21  ]
22
23  def click(e):                                          在點選棋盤時執行的函數
24      global mx, my, mc                                  將這些變數宣告為全域變數
25      mc = 1                                             將 1 代入 mc
26      mx = int(e.x/80)                                   將滑鼠游標的 X 座標除以 80 再代入 mx
27      my = int(e.y/80)                                   將滑鼠游標的 Y 座標除以 80 再代入 my
28      if mx>7: mx = 7                                    當 mx 超過 7 就設定為 7
29      if my>7: my = 7                                    當 my 超過 7 就設定為 7
30
31  def banmen():                                          定義顯示棋盤的函數
32      cvs.delete("all")                                  清除畫布
33      cvs.create_text(320, 670, text=msg,                顯示訊息的字串
    fill="silver")
34      for y in range(8):                                 迴圈 y 從 0 遞增至 7
35          for x in range(8):                             迴圈 x 從 0 遞增至 7
36              X = x*80                                   棋格的 X 座標
37              Y = y*80                                   棋格的 Y 座標
38              cvs.create_rectangle(X, Y, X+80, Y+80,     繪製以（X，Y）為左上角的正方形
    outline="black")
39              if board[y][x]==BLACK:                     當 board[y][x] 的值為 BLACK
40                  cvs.create_oval(X+10, Y+10, X+70,       顯示黑色圓形
    Y+70, fill="black", width=0)
```

```python
41          if board[y][x]==WHITE:
42              cvs.create_oval(X+10, Y+10, X+70,
    Y+70, fill="white", width=0)
43      cvs.update()
44
45  # 下棋，讓對手的棋子翻面
46  def ishi_utsu(x, y, iro):
47      board[y][x] = iro
48      for dy in range(-1, 2):
49          for dx in range(-1, 2):
50              k = 0
51              sx = x
52              sy = y
53              while True:
54                  sx += dx
55                  sy += dy
56                  if sx<0 or sx>7 or sy<0 or sy>7:
57                      break
58                  if board[sy][sx]==0:
59                      break
60                  if board[sy][sx]==3-iro:
61                      k += 1
62                  if board[sy][sx]==iro:
63                      for i in range(k):
64                          sx -= dx
65                          sy -= dy
66                          board[sy][sx] = iro
67                      break
68
69  # 計算在這個位置下棋，對手的棋子會有幾顆翻面
70  def kaeseru(x, y, iro):
71      if board[y][x]>0:
72          return -1 # 不能落子的棋格
73      total = 0
74      for dy in range(-1, 2):
75          for dx in range(-1, 2):
76              k = 0
77              sx = x
78              sy = y
79              while True:
80                  sx += dx
81                  sy += dy
82                  if sx<0 or sx>7 or sy<0 or sy>7:
83                      break
84                  if board[sy][sx]==0:
85                      break
86                  if board[sy][sx]==3-iro:
87                      k += 1
88                  if board[sy][sx]==iro:
89                      total += k
90                      break
91      return total
92
93  # 確認有沒有可以落子的棋格
94  def uteru_masu(iro):
95      for y in range(8):
96          for x in range(8):
97              if kaeseru(x, y, iro)>0:
98                  return True
99      return False
```

當 board[y][x] 的值為 WHITE
顯示白色圓形

即時更新畫布

下棋，讓對手的棋子翻面的函數
依照參數在（x, y）的棋格配置對應顏色的棋子
迴圈　dy 將以 -1→0→1 的順序變化
迴圈　dx 將以 -1→0→1 的順序變化
將 0 代入變數 k
將參數 x 的值代入 sx
將參數 y 的值代入 sy
以無限迴圈重複執行程式
讓 sx 與 sy 的值不斷變化

如果超出棋盤
脫離 while 的迴圈
如果是空白的棋格
脫離 while 的迴圈
如果是對手的棋子
讓 k 的值遞增 1
如果是自己的棋子
讓被夾住的對手的棋子翻面

脫離 while 的迴圈

計算在這個位置下棋，對手的棋子會有幾顆翻面
如果（x, y）的棋格有棋子
傳回 -1，離開函數
將 0 代入變數 total
迴圈　dy 會依照 -1→0→1 的順序變化
迴圈　dx 會依照 -1→0→1 的順序變化
將 0 代入變數 k
將參數 x 代入 sx
將參數 y 代入 sy
以無限迴圈重複執行程式
讓 sx 與 sy 的值不斷變化

如果超出棋盤
脫離 while 的迴圈
如果是空白的棋格
脫離 while 的迴圈
如果是對手的棋子
讓 k 的值遞增 1
如果是自己的棋子
將 k 值遞增至 total
脫離 while 迴圈
傳回 total 的值

確認有無可落子之處的函數
迴圈　y 從 0 遞增至 7
迴圈　x 從 0 遞增至 7
假設 kaeseru() 的傳回值大於 0
傳回 True
傳回 False

接續下一頁 221

```
100
101  # 電腦的思考邏輯                                      隨機落子的思考邏輯
102  def computer_0(iro): # 隨機落子                       以無限迴圈重複執行程式
103      while True:                                       將 0～7 的亂數代入 rx
104          rx = random.randint(0, 7)                     將 0～7 的亂數代入 ry
105          ry = random.randint(0, 7)                     假設在這個棋格落子，對手的棋子會翻面
106          if kaeseru(rx, ry, iro)>0:                    傳回 rx 與 ry 的值
107              return rx, ry
108
109  def main():                                           進行主要處理的函數
110      global mc, proc, turn, msg                        將這些變數宣告為全域變數
111      banmen()                                          呼叫繪製棋盤的函數
112      if proc==0: # 等待遊戲開始                         當 proc 為 0 時（準備開始）
113          msg = "點選畫面，開始對奕"                     將字串代入變數 msg
114          if mc==1: # 點選視窗                           當玩家點選視窗
115              mc = 0                                     將 0 代入變數 mc
116              turn = 0                                   將 0 代入 turn，設定玩家先攻
117              proc = 1                                   將 1 代入 proc
118      elif proc==1: # 顯示換誰下棋的訊息                 當 proc 為 1 時（顯示由誰下棋的訊息）
119          msg = "換您下棋"                               將「換您下棋」代入變數 msg
120          if turn==1:                                    假設 turn 為 1
121              msg = "電腦 思考中."                        將「電腦 思考中．」代入 msg
122          proc = 2                                       將 2 代入 proc
123      elif proc==2: # 決定落子的位置                     當 proc 為 2 時（決定落子的棋格）
124          if turn==0: # 玩家                             假設輪玩家下棋
125              if mc==1:                                  按下滑鼠左鍵時
126                  mc = 0                                 將 mc 設定為 0
127                  if kaeseru(mx, my, BLACK)>0:           假設點選了可落子的棋格
128                      ishi_utsu(mx, my, BLACK)           在該棋格落子
129                      proc = 3                           將 3 代入 proc
130          else: # 電腦                                   如果輪電腦下棋
131              cx, cy = computer_0(WHITE)                 隨機決定落子的棋格
132              ishi_utsu(cx, cy, WHITE)                   在該棋格落子
133              proc = 3                                   將 3 代入 proc
134      elif proc==3: # 換邊下棋                           當 proc 為 3 時（換邊下棋）
135          turn = 1-turn                                  若 turn 的值為 0，就設定為 1，若為 1 就設定為 0
136          proc = 4                                       將 4 代入 proc
137      elif proc==4: # 確認有沒有可以落子的棋格           當 proc 為 4 時（確認有沒有可落子的棋格）
138          if uteru_masu(BLACK)==False and uteru_masu    如果兩邊都沒有可落子的棋格
     (WHITE)==False:
139              msg = " 雙方皆無處落子，對奕結束 "         說明現況
140          elif turn==0 and uteru_masu(BLACK)==False:    如果玩家沒有可落子的棋格
141              msg = " 你沒有可落子之處，換邊下棋 "       說明現況
142              proc = 3                                   將 3 代入 proc，跳過這輪（換邊下棋）
143          elif turn==1 and uteru_masu(WHITE)==False:    如果電腦沒有可落子的棋格
144              msg = " 電腦沒有可落子之處，換邊下棋 "     說明現況
145              proc = 3                                   將 3 代入 proc，跳過這輪（換邊下棋）
146          else:                                          否則（代表有可落子之處）
147              proc = 1                                   將 1 代入 proc，跳至下棋的處理
148      root.after(100, main)                              在 100 毫秒之後，呼叫 main()
149
150  root = tkinter.Tk()                                   建立視窗物件
151  root.title("黑白棋")                                   指標視窗標題
152  root.resizable(False, False)                          禁止調整視窗大小
153  root.bind("<Button>", click)                          指定在按下滑鼠左鍵時執行的函數
154  cvs = tkinter.Canvas(width=640, height=700,           建立畫布元件
     bg="green")
155  cvs.pack()                                             在視窗配置畫布
156  root.after(100, main)                                 呼叫 main() 函數
157  root.mainloop()                                       執行視窗處理
```

圖 7-5-1　執行結果

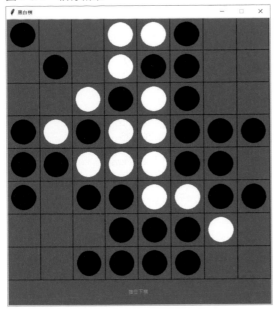

相較於之前的程式，這個程式有一處較大的變動，也新增了三個函數。變動之處在於將滑鼠的操作代入全域變數，並且將 click() 函數關於玩家下棋的處理移植到 main() 函數。追加的函數則包含確認可落子之處的 uteru_masu() 函數、電腦思考邏輯的 computer_0() 函數，以及執行主要處理的 main() 函數。後續將依序說明這三個函數。

》》》 在視窗顯示訊息

其他較細瑣的追加內容為宣告了 msg 變數。這個變數會在畫面顯示訊息的時候使用。在 banmen() 函數追加了 cvs.create_text(320, 670, text=msg, fill="silver") 的敘述，藉此顯示代入 msg 變數的字串。

⟫⟫⟫ 將滑鼠的動態代入全域變數

第 6 ~ 7 行宣告了 mx、my 這兩個變數，第 8 行則宣告了 mc 這個變數。mx、my、mc 會如下在第 23 ~ 29 行的 click() 函數之中宣告為全域變數，再將值代入這些變數。

```
def click(e):
    global mx, my, mc
    mc = 1
    mx = int(e.x/80)
    my = int(e.y/80)
    if mx>7: mx = 7
    if my>7: my = 7
```

mx、my 的值是按下左鍵之後的滑鼠位置（board[][] 的索引值）。mc 會在按下滑鼠左鍵的時候為 1。將這三個變數宣告為全域變數，就能在其他函數取得滑鼠左鍵的動作，以及知道玩家點選了哪一個棋格。

⟫⟫⟫ 調查有無可落子之處的函數

第 94 ~ 99 行定義了調查目前的盤面是否有可落子之處的 uteru_masu() 函數。在此針對這個函數說明。

```
def uteru_masu(iro):
    for y in range(8):
        for x in range(8):
            if kaeseru(x, y, iro)>0:
                return True
    return False
```

這個函數以雙重迴圈對每個棋格執行前一節撰寫的 kaeseru() 函數。當 kaeseru() 的傳回值大於 0，代表該棋格可以落子。此時會傳回 True，再脫離這個函數。當 return 執行時，就算 for 迴圈還沒結束，函數的處理也會結束。

此外，若在調查所有棋格之後發現沒有可落子之處，就傳回 False。

››› 電腦的思考邏輯

第 102 ～ 107 行定義了電腦下棋的 computer_0() 函數。這個函數會隨機調查棋格的狀態，並在找到可落子的位置之後，傳回該棋格的欄與列的值。説是思考邏輯，還有點誇張，但第 8 章會將電腦改造成懂得思考棋路的模式。本書暫且將這種隨機落子的處理稱為電腦的思考邏輯。

在此針對 computer_0() 函數説明。

```python
def computer_0(iro): # 隨機落子
    while True:
        rx = random.randint(0, 7)
        ry = random.randint(0, 7)
        if kaeseru(rx, ry, iro)>0:
            return rx, ry
```

在 while True 的無限迴圈之中，隨機將棋格的位置代入變數 rx 與 ry，再利用 kaeseru() 函數確認在這個位置落子，是否能讓玩家的棋子翻面。假設可以在這個棋格落子，將以 return 傳回 rx 與 ry 的值。下方是這個處理的示意圖。

圖 7-5-2　隨機調查可落子的棋格

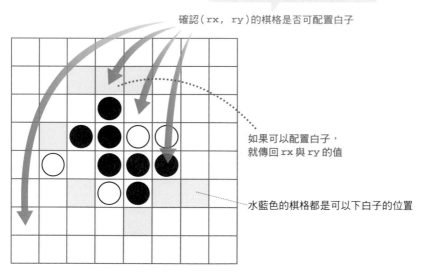

Python 函數的傳回值可以撰寫多個變數。例如，執行 def my_function()……return a, b, c 這種具有三個傳回值之函數的時候，可以利用 x, y, z = my_function() 的語法將傳回值代入前面的三個變數。

有些程式設計語言的函數只是設定一個傳回值。Python 可以設定多個傳回值，只要熟悉這種語法，就會知道能設定多個傳回值是件多麼方便的事情。

》》》 追加即時處理

第 109 ～ 148 行撰寫了執行即時處理的 main() 函數。這個函數會在第 156 行呼叫，而且會以第 148 行的 after() 命令以一定的間隔不斷執行自己。

假設第 156 行只有 main()，那麼在點選視窗的 × 鍵，結束程式的時候，有可能會因為正在執行的處理而顯示錯誤訊息。雖然不是什麼嚴重的錯誤訊息，但只要以 root. after(100, main) 開始執行處理，顯示錯誤訊息的頻率就會下降，所以這個程式在第一次呼叫 main() 之後才使用 after() 命令。

》》》 main() 函數的處理內容

接著說明 main() 函數的處理。

■ 變數 proc 的值為 0 時

將「點選畫面，開始對奕」的字串代入變數 msg，再利用 banmen() 函數在畫面顯示這個字串。當玩家點選視窗，mc 的值會被設定為 0，turn 也會設定為 0，proc 則會設定為 1，進入下棋的處理。turn 的值為 0 時，代表輪玩家下棋，為 1 則由電腦下棋。

將 mc 設定為 0，是為了再次取得視窗被點選的事件。

■ **當 proc 的值為 1 時**

將輪誰下棋的訊息代入 msg，再將 proc 設定為 2。

■ **當 proc 的值為 2 時**

由玩家或電腦決定落子的棋格。輪哪邊下棋的部分是由 turn 這個變數管理。當 turn 為 0（輪玩家下棋），變數 mc 為 1 時，代表玩家點選了盤面，所以利用 kaeseru() 函數確認變數 mx、my 的棋格能不能配置黑子。假設可以，就利用 ishi_utsu() 函數配置黑子，讓電腦的棋子翻面，再將 proc 設定為 3。

當 turn 為 1（輪電腦下棋），就以 cx, cy=computer_0(WHITE) 將電腦選擇的棋格代入 cx 與 cy，再利用 ishi_utsu() 函數在該棋格落子，以及讓玩家的棋子翻面，最後再將 proc 設定為 3。

■ **當 proc 的值為 3 時**

turn = 1-turn 的公式會在 turn 的值為 0 時設定為 1，為 1 時設定為 0，讓玩家與電腦輪流下棋。最後再將 proc 設定為 4。

■ **當 proc 的值為 4 時**

這個程式是以 uteru_masu() 函數確認玩家與電腦能否落子。假設兩邊都無法落子，就顯示「雙方皆無處落子，對奕結束」的訊息。

這次也以 elif turn==0 and uteru_masu(BLACK)==False 的條件式在輪到玩家下棋時，確認能不能配置黑子。如果不行，就顯示「你沒有可落子之處，換邊下棋」，再將 proc 設定為 3，輪電腦下棋。

另外又以 elif turn==1 and uteru_masu(WHITE)==False 的條件式在輪到電腦下棋時，確認能不能配置白子。如果不行，就顯示「電腦沒有可落子之處，換邊下棋」，再將 proc 設定為 3，輪玩家下棋。

電腦的處理時間

這一節的 computer_0() 會隨機在 8×8 的棋盤尋找可落子的棋格,而且可以瞬間決定要落子的棋格,不過,要讓電腦不斷進行複雜的計算時,往往得耗費不少時間進行處理。為了避免不斷地執行一次算不出答案(以這次的程式來說,就是找不到可以落子的棋格)的處理,必須稍微改良一下程式。

假設演算法的速度太慢,不符合實際的需求時,可試著改良成速度更快的演算法。一如在第 3 章學過的,Python 可利用 time 模組的 time() 函數測量處理耗費的時間。在此提供一個程式,讓大家了解一下執行 100 萬次 for 迴圈需要耗費多少時間。

程式 7-C-1 ▶ time_algo.py

```
01  import time                              載入 time 模組
02  st = time.time()                         將當下的 epoch 秒代入 st
03  n = 0                                     將 0 代入 n
04  for i in range(1000000):                 重複執行 100 萬次
05      n = n + 1                             將 1 遞增至 n
06  et = time.time()                          將當下的 epoch 秒代入 et
07  print("開始測量proc秒", st)                輸出 st 的值
08  print("結束測量proc秒", et)                輸出 et 的值
09  print(" 處理時間", et-st)                  輸出 et-st
```

圖 7-C-1　執行結果

```
開始測量proc秒 1657072785.2595797
結束測量proc秒 1657072785.3566098
處理時間 0.0970301628112793
```

如果將第 5 行的 n=n+1 換成更複雜的公式,處理時間就會拉得更長。此外,如果將第 4 ～ 5 行的 for 改成演算法,就能測量該演算法的處理時間。

改造成真的可以玩的遊戲

這一節要將遊戲改造成玩家可以選擇先攻或後攻的模式，而且會在對奕結束時顯示勝負的結果，讓遊戲變得更加完整。

››› 先攻與後攻的棋子顏色

黑白棋將黑子訂為先攻，白子訂為後攻。這次的程式是以 color[] 列表管理玩家與電腦的落子顏色。

››› 利用訊息方塊顯示勝負訊息

當玩家與電腦都沒有可落子的棋格時，對奕視同結束，此時會計算黑子與白子的數量，再顯示何者勝利。這個訊息會透過訊息方塊顯示。

所謂的訊息方塊就是在電腦螢幕顯示的小視窗。我們可在這個小視窗顯示訊息，提醒玩家現在的遊戲進度。要顯示訊息方塊可使用 tkinter.messagebox 模組。

››› 確認程式內容

接著要確認程式的處理內容。點選「先攻（黑）」或「後攻（白）」的文字之後，對奕就會開始。對奕結束後會顯示勝負的訊息。若黑子與白子的數量相同，就視同平手。

程式 7-6-1 ▶ list7_6.py   ※ 新增的程式碼會以螢光筆標記。

```
01  import tkinter                               載入 tkinter 模組
02  import tkinter.messagebox                    載入 tkinter.messagebox
03  import random                                載入 random 模組
04
05  FS = ("Times New Roman", 30)                 字型定義（小的文字）
06  FL = ("Times New Roman", 80)                 字型定義（大的文字）
07  BLACK = 1                                    用於管理黑子的常數
08  WHITE = 2                                    用於管理白子的常數
09  mx = 0                                       被點選的棋格的欄
10  my = 0                                       被點選的棋格的列
11  mc = 0                                       在畫面被點選的時候，代入 1 的變數
12  proc = 0                                     管理遊戲流程的變數
13  turn = 0                                     管理輪誰下棋的變數
14  msg = ""                                     顯示訊息的變數（代入字串）
15  space = 0                                    空白棋格的數量
16  color = [0]*2                                玩家棋子的顏色、電腦棋子的顏色
17  who = ["玩家", "電腦"]                        定義字串
18  board = []                                   管理棋盤的列表
```

接續下一頁

```python
19  for y in range(8):
20      board.append([0,0,0,0,0,0,0,0])
21
22  def click(e):
23      global mx, my, mc
24      mc = 1
25      mx = int(e.x/80)
26      my = int(e.y/80)
27      if mx>7: mx = 7
28      if my>7: my = 7
29
30  def banmen():
31      cvs.delete("all")
32      cvs.create_text(320, 670, text=msg,
    fill="silver", font=FS)
33      for y in range(8):
34          for x in range(8):
35              X = x*80
36              Y = y*80
37              cvs.create_rectangle(X, Y, X+80, Y+80,
    outline="black")
38              if board[y][x]==BLACK:
39                  cvs.create_oval(X+10, Y+10, X+70,
    Y+70, fill="black", width=0)
40              if board[y][x]==WHITE:
41                  cvs.create_oval(X+10, Y+10, X+70,
    Y+70, fill="white", width=0)
42      cvs.update()
43
44  def ban_syokika():
45      global space
46      space = 60
47      for y in range(8):
48          for x in range(8):
49              board[y][x] = 0
50      board[3][4] = BLACK
51      board[4][3] = BLACK
52      board[3][3] = WHITE
53      board[4][4] = WHITE
54
55  # 下棋，讓對手的棋子翻面
56  def ishi_utsu(x, y, iro):
57      board[y][x] = iro
58      for dy in range(-1, 2):
59          for dx in range(-1, 2):
60              k = 0
61              sx = x
62              sy = y
63              while True:
64                  sx += dx
65                  sy += dy
66                  if sx<0 or sx>7 or sy<0 or sy>7:
67                      break
68                  if board[sy][sx]==0:
69                      break
70                  if board[sy][sx]==3-iro:
71                      k += 1
72                  if board[sy][sx]==iro:
```

利用 for 迴圈
將 board 轉換成二維列表

在點選棋盤時執行的函數
將這些變數宣告為全域變數
將 1 代入 mc
將滑鼠游標的 X 座標除以 80 再代入 mx
將滑鼠游標的 Y 座標除以 80 再代入 my
當 mx 超過 7 就設定為 7
當 my 超過 7 就設定為 7

定義顯示棋盤的函數
清除畫布
顯示訊息的字串

迴圈 y 從 0 遞增至 7
迴圈 x 從 0 遞增至 7
棋格的 X 座標
棋格的 Y 座標
繪製以（X, Y）為左上角的正方形

當 board[y][x] 的值為 BLACK
顯示黑色圓形

當 board[y][x] 的值為 WHITE
顯示白色圓形

即時更新畫布

初始化盤面的函數
將 space 宣告為全域變數
將 60 代入 space
迴圈 y 從 0 遞增至 7
迴圈 x 從 0 遞增至 7
將 0 代入 board[y][x]
在正中央配置 4 顆棋子

下棋，讓對手的棋子翻面的函數
依照參數在（x, y）的棋格配置對應顏色的棋子
迴圈 dy 將以 -1 → 0 → 1 的順序變化
迴圈 dx 將以 -1 → 0 → 1 的順序變化
將 0 代入變數 k
將參數 x 的值代入 sx
將參數 y 的值代入 sy
以無限迴圈重複執行程式
讓 sx 與 sy 的值不斷變化

如果超出棋盤
脫離 while 的迴圈
如果是空白的棋格
脫離 while 的迴圈
如果是對手的棋子
讓 k 的值遞增 1
如果是自己的棋子

```
73              for i in range(k):
74                  sx -= dx
75                  sy -= dy
76                  board[sy][sx] = iro
77              break
78
79 # 計算在這個位置下棋，對手的棋子會有幾顆翻面
80 def kaeseru(x, y, iro):
81     if board[y][x]>0:
82         return -1 # 不能落子的棋格
83     total = 0
84     for dy in range(-1, 2):
85         for dx in range(-1, 2):
86             k = 0
87             sx = x
88             sy = y
89             while True:
90                 sx += dx
91                 sy += dy
92                 if sx<0 or sx>7 or sy<0 or sy>7:
93                     break
94                 if board[sy][sx]==0:
95                     break
96                 if board[sy][sx]==3-iro:
97                     k += 1
98                 if board[sy][sx]==iro:
99                     total += k
100                    break
101    return total
102
103 # 確認有沒有可以落子的棋格
104 def uteru_masu(iro):
105     for y in range(8):
106         for x in range(8):
107             if kaeseru(x, y, iro)>0:
108                 return True
109     return False
110
111 # 計算黑子與白子各有幾顆
112 def ishino_kazu():
113     b = 0
114     w = 0
115     for y in range(8):
116         for x in range(8):
117             if board[y][x]==BLACK: b += 1
118             if board[y][x]==WHITE: w += 1
119     return b, w
120
121 # 電腦的思考邏輯
122 def computer_0(iro): # 隨機落子
123     while True:
124         rx = random.randint(0, 7)
125         ry = random.randint(0, 7)
126         if kaeseru(rx, ry, iro)>0:
127             return rx, ry
128
129 def main():
130     global mc, proc, turn, msg, space
131     banmen()
```

被夾住的對手的棋子翻面

脫離 while 的迴圈

計算在這個位置下棋，對手的棋子會有幾顆翻面
如果（x,y）的棋格有棋子
傳回 -1，離開函數
將 0 代入變數 total
迴圈　dy 會依照 -1→ 0→ 1 的順序變化
迴圈　dx 會依照 -1→ 0→ 1 的順序變化
將 0 代入變數 k
將參數 x 代入 sx
將參數 y 代入 sy
以無限迴圈重複執行程式
讓 sx 與 sy 的值不斷變化

如果超出棋盤
脫離 while 的迴圈
如果是空白的棋格
脫離 while 的迴圈
如果是對手的棋子
讓 k 的值遞增 1
如果是自己的棋子
將 k 值遞增至 total
脫離 while 迴圈
傳回 total 的值

確認有無可落子之處的函數
迴圈　y 從 0 遞增至 7
迴圈　x 從 0 遞增至 7
假設 kaeseru() 的傳回值大於 0
傳回 True
傳回 False

計算黑子與白子數量的函數
將 0 代入變數 b
將 0 代入變數 w
迴圈　y 從 0 遞增至 7
迴圈　x 從 0 遞增至 7
當 board[y][x] 為 BLACK，讓 b 遞增 1
當 board[y][x] 為 WHITE，讓 w 遞增 1
傳回 b 與 w 的值

隨機落子的思考邏輯
以無限迴圈重複執行程式
將 0～ 7 的亂數代入 rx
將 0～ 7 的亂數代入 ry
假設在這個棋格落子，對手的棋子會翻面
傳回 rx 與 ry 的值

進行主要處理的函數
將這些變數宣告為全域變數
呼叫繪製棋盤的函數

接續下一頁

```
132         if proc==0: # 標題畫面
133             msg = "請選擇先攻或後攻"
134             cvs.create_text(320, 200, text="Reversi",
        fill="gold", font=FL)
135             cvs.create_text(160, 440, text="先攻(黑)",
        fill="lime", font=FS)
136             cvs.create_text(480, 440, text="後攻(白)",
        fill="lime", font=FS)
137             if mc==1: # 點選視窗
138                 mc = 0
139                 if (mx==1 or mx==2) and my==5:
140                     ban_syokika()
141                     color[0] = BLACK
142                     color[1] = WHITE
143                     turn = 0
144                     proc = 1
145                 if (mx==5 or mx==6) and my==5:
146                     ban_syokika()
147                     color[0] = WHITE
148                     color[1] = BLACK
149                     turn = 1
150                     proc = 1
151         elif proc==1: # 顯示換誰下棋的訊息
152             msg = "換您下棋"
153             if turn==1:
154                 msg = "電腦 思考中."
155             proc = 2
156         elif proc==2: # 決定落子的位置
157             if turn==0: # 玩家
158                 if mc==1:
159                     mc = 0
160                     if kaeseru(mx, my, color[turn])>0:
161                         ishi_utsu(mx, my, color[turn])
162                         space -= 1
163                         proc = 3
164             else: # 電腦
165                 cx, cy = computer_0(color[turn])
166                 ishi_utsu(cx, cy, color[turn])
167                 space -= 1
168                 proc = 3
169         elif proc==3: # 換邊下棋
170             msg = ""
171             turn = 1-turn
172             proc = 4
173         elif proc==4: # 確認有沒有可以落子的棋格
174             if space==0:
175                 proc = 5
176             elif uteru_masu(BLACK)==False and uteru_
        masu(WHITE)==False:
177                 tkinter.messagebox.showinfo("", "雙方
        皆無處落子，對奕結束")
178                 proc = 5
179             elif uteru_masu(color[turn])==False:
180                 tkinter.messagebox.showinfo("",
        who[turn]+"沒有可落子之處，換邊下棋")
181                 proc = 3
182             else:
183                 proc = 1
```

當 proc 為 0 時（標題畫面）
將字串代入變數 msg
顯示遊戲標題

顯示「先攻（黑）」

顯示「後攻（白）」

當玩家點選視窗
將 0 代入變數 mc
假設玩家點選先攻
初始化盤面
玩家執黑子
電腦執白子
將 0 代入 turn，設定玩家先攻
將 1 代入 proc
假設玩家點選後攻
初始化盤面
玩家執白子
電腦執黑子
將 1 代入 turn，設定電腦先攻
將 1 代入 proc
當 proc 為 1 時（顯示換誰下棋的訊息）
將「換您下棋」代入變數 msg
假設 turn 為 1
將「電腦 思考中 .」代入 msg
將 2 代入 proc
當 proc 為 2 時（決定落子的棋格）
假設輪玩家下棋
按下滑鼠左鍵時
將 mc 設定為 0
假設點選了可落子的棋格
在該棋格落子
讓 space 的值減 1
將 3 代入 proc
如果輪電腦下棋
隨機決定落子的棋格
在該棋格落子
讓 space 的值減 1
將 3 代入 proc
當 proc 為 3 時（換邊下棋）
清除訊息
若 turn 的值為 0，就設定為 1，若為 1 就設定為 0
將 4 代入 proc
當 proc 為 4 時（確認有沒有可落子的棋格）
若所有的棋格都有棋子
將 proc 設定為 5，判斷勝負
如果兩邊都沒有可落子的棋格

利用訊息方塊說明現況

將 proc 設定為 5，判斷勝負
假設沒有可以配置棋子 color[turn] 的棋格
利用訊息方塊說明現況

將 3 代入 proc，跳過這輪（換邊下棋）
否則（代表有可落子之處）
將 1 代入 proc，跳至下棋的處理

```
184        elif proc==5: # 判斷勝負
185            b, w = ishino_kazu()
186            tkinter.messagebox.showinfo("對奕結束",
       " ={}、白={}".format(b, w))
187            if (color[0]==BLACK and b>w) or
       (color[0]==WHITE and w>b):
188                tkinter.messagebox.showinfo("", "玩家
       獲勝！")
189            elif (color[1]==BLACK and b>w) or
       (color[1]==WHITE and w>b):
190                tkinter.messagebox.showinfo("", "電腦
       獲勝！")
191            else:
192                tkinter.messagebox.showinfo("", "平手")
193            proc = 0
194        root.after(100, main)
195
196 root = tkinter.Tk()
197 root.title("黑白棋")
198 root.resizable(False, False)
199 root.bind("<Button>", click)
200 cvs = tkinter.Canvas(width=640, height=700,
    bg="green")
201 cvs.pack()
202 root.after(100, main)
203 root.mainloop()
```

當 proc 為 5 時（判斷勝負）
將黑子的數量代入變數 b，將白子的數量代入變數 w
在訊息方塊顯示黑子與白子的數量

假設這個條件式成立

顯示「玩家獲勝！」

否則，當這個條件式成立

顯示「電腦獲勝！」

否則
顯示「平手」
將 0 代入 proc
在 100 毫秒之後，呼叫 main()

建立視窗物件
指標視窗標題
禁止調整視窗大小
指定在按下滑鼠左鍵時執行的函數
建立畫布元件

在視窗配置畫布
呼叫 main() 函數
執行視窗的處理

表 7-6-1　主要的變數與列表

FS、FL	字型的定義
BLACK、WHITE	管理黑子與白子的常數 BLACK 的值為 1，WHITE 的值為 2
mx、my	接收滑鼠輸入值（點選了哪個棋格）
mc	接收滑鼠輸入值（在按下滑鼠左鍵時，設定為 1）
proc	管理遊戲流程
turn	管理輪誰下棋，0 為玩家，1 為電腦
msg	將字串代入位於視窗下方的訊息方塊
space	管理還有幾個空白的棋格
color[]	確認玩家與電腦的棋子是何種顏色，代入 BLACK 或是 WHITE
who[]	定義「玩家」「電腦」這兩個字串
board[][]	棋盤狀態

※ 在下一章撰寫電腦的思考邏輯時，會再建立一個新的列表。
　第 8 章的最後會重新列出所有的列表與變數。

圖 7-6-1　執行結果

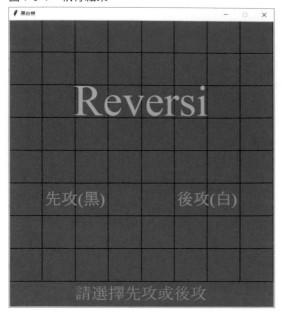

》》》 在 Mac 環境下，標題畫面的文字會變亂七八糟

標題文字雖然可在 Windows 環境下正常顯示，但在 Mac 環境下會變得亂七八糟。若是擔心這個問題發生，可將 banmen() 函數的第 42 行改成 if proc!=0: cvs.update()，就能解決這個問題。

》》》 利用 append() 建立二維列表

前面的程式都以下列的方式宣告管理盤面的二維列表。

```
board = [
 [0, 0, 0, 0, 0, 0, 0, 0],
  :
 [0, 0, 0, 0, 0, 0, 0, 0]
]
```

這次的程式則利用下列的方式，也就是於第 18 〜 20 行程式建立了二維列表。

```
board = []
for y in range(8):
    board.append([0,0,0,0,0,0,0,0])
```

先以 board = [] 建立空白的列表，再利用 for 與 append() 命令追加 8 個 [0,0,0,0,0,0,0,0]。這種寫法其實可以如下寫得更加簡潔，第 8 章之後也都會採用這種寫法。

```
board = []
for y in range(8):
    board.append([0]*8)
```

初始化盤面

第 44 ～ 53 行程式碼的 ban_syokika() 函數會如下將遊戲開始時的值代入 board[][]。

```
def ban_syokika():
    global space
    space = 60
    for y in range(8):
        for x in range(8):
            board[y][x] = 0
    board[3][4] = BLACK
    board[4][3] = BLACK
    board[3][3] = WHITE
    board[4][4] = WHITE
```

計算黑子與白子數量的函數

第 112 ～ 119 行定義了計算棋子數量的 ishino_kazu() 函數。這個函數會在遊戲結束時計算盤面的棋子顆數與判斷勝負。

於 main() 函數追加的處理

這次的 main() 函數是根據 proc 的值進行不同的處理，管理遊戲的流程。當變數 proc 的值為 0，會進行標題畫面的處理（第 132 ～ 150 行）。
顯示「先攻」「後攻」的字串，並且在這些字串的棋格被點選之後，將值代入下列的列表與變數，以及將 proc 設定為 1，讓遊戲開始。

表 7-6-2　遊戲開始時的 color[] 與 turn 的值

列表與變數	玩家先攻的值	玩家後攻的值
color[0]	BLACK	WHITE
color[1]	WHITE	BLACK
turn	0	1

proc 為 1、2、3、4 的處理與前一節相同，不過這次的程式以列表 color[] 管理玩家與電腦的棋子顏色，所以得將程式改寫成 kaeseru(mx, my, **color[turn]**) 或 ishi_utsu(cx, cy, **color[turn]**) 這種以 color[] 指定棋子顏色的方式。

判斷勝負

當 main() 函數的 proc 為 5，就會判斷勝負（第 184 ~ 193 行）。
計算棋子顆數的 ishino_kazu() 函數計算與比較黑子與白子的數量之後，會以訊息方塊顯示玩家獲勝、電腦獲勝或平手的訊息。

messagebox 的使用方法

這個程式會以訊息方塊顯示玩家與電腦都無處落子時的訊息，也會在遊戲結束的時候顯示勝負的訊息。要使用訊息方塊必須載入 tkinter.messagebox 模組。
接著以參數指定以 **tkinter.messagebox.showinfo()** 命令顯示的標題與訊息，以及顯示訊息方塊。

訊息方塊主要有下列這幾種。

表 7-6-3　訊息方塊的種類

命令	內容
showinfo()	顯示資訊的訊息方塊
showwarming()	顯示警告訊息的訊息方塊
showerror()	顯示錯誤訊息的訊息方塊
askyesno()	顯示「是」與「否」按鈕的訊息方塊
askokcancel()	顯示「確定」與「取消」按鈕的訊息方塊

要使用具有「是」與「否」或是「確定」與「取消」按鈕的訊息方塊，可將程式寫成變數 = tkinter.messagebox.askyesno(參數)與變數 = tkinter.messagebox.askokcancel(參數)，此時使用者若是點選「是」或「確定」，將會將 True 代入變數。如此一來就能根據變數值確定使用者點選了哪個按鈕。

訊息方塊是常在開發軟體時使用的功能，建議大家先學起來，有機會多多使用喲。

>>> 電腦太弱

這個程式的電腦只會隨機下子，若以人類比喻，就是什麼都不想，亂下一通，所以電腦實在太弱，玩家不太可能會輸。第 8 章要替電腦撰寫兩個演算法（思考邏輯），讓電腦變強一點。

■ 思考邏輯 1

→ 定義優先落子的棋格，若該棋格為可落子的棋格，就在該棋格落子。

■ 思考邏輯 2

→ 使用以亂數進行模擬的蒙地卡羅演算法選擇勝率較高的棋格，再於該棋格落子。

加入先攻、後攻的選擇與判斷勝負的處理，就能從頭玩到尾了！

辛苦了，不過還沒結束喲。在下一章要讓電腦變聰明。

使用各種GUI元件（其2）

繼第 4 章的專欄之後，在此介紹操作各種 GUI 主要元件的命令。

下列的程式會配置輸入字串元件與三個按鈕，並且讓這三個按鈕分別擁有將字串插入輸入字串元件、刪除輸入字串元件的字串，與取得輸入字串元件的字串這三項功能。

程式 7-C-2 ▶ gui_sample_2.py

```
01  import tkinter                                    載入 tkinter 模組
02
03  def btn1_on():                                    於按下按鈕 1 時執行的函數
04      en.insert(tkinter.END, "按下按鈕了")          將字串插入輸入字串元件
05
06  def btn2_on():                                    於按下按鈕 2 時執行的函數
07      en.delete(0, tkinter.END)                     刪除輸入字串元件的所有字串
08
09  def btn3_on():                                    於按下按鈕 3 時執行的函數
10      b3["text"] = en.get()                         將輸入字串元件的字串代入按鈕
11
12  root = tkinter.Tk()                               建立視窗物件
13  root.geometry("400x200")                          指定視窗大小
14  root.title("GUI的主要元件 -2-")                   指定視窗標題
15  en = tkinter.Entry(width=40)                      建立輸入字串元件
16  en.place(x=20, y=10)                              在視窗配置輸入字串元件
17  b1 = tkinter.Button(text="插入字串",              建立按鈕 1 元件
    command=btn1_on)
18  b1.place(x=20, y=60, width=160,                   在視窗配置按鈕 1
    height=40)
19  b2 = tkinter.Button(text="刪除字串",              建立按鈕 2 元件
    command=btn2_on)
20  b2.place(x=220, y=60, width=160,                  在視窗配置按鈕 2
    height=40)
21  b3 = tkinter.Button(text="取得字串",              建立按鈕 3 元件
    command=btn3_on)
22  b3.place(x=20, y=120, width=360,                  在視窗配置按鈕 3
    height=40)
23  root.mainloop()                                   執行視窗處理
```

圖 7-C-2　執行結果

接續下一頁

第 15 行的 **Entry()** 命令建立了輸入字串元件。參數的 width= 可設定這個輸入字串元件的寬度，藉此指定可輸入的字數，之後再以第 16 行的 place() 命令指定配置輸入字串元件的 X 座標與 Y 座標，配置輸入字串元件。

第 17 ～ 18 行、第 19 ～ 20 行、第 21 ～ 22 行建立與配置了按鈕 1、按鈕 2、按鈕 3 的元件，也分別以 Button() 命令的參數 command= 指定了於點選這些按鈕時執行的函數。

點選「插入字串」按鈕之後，第 3 ～ 4 行的 bnt1_on() 函數就會執行。這個函數會對輸入字串元件執行 **insert()** 命令，以 en.insert(插入字串的位置，要插入的字串) 的語法插入字串，而插入字串的位置定義為 tkinter.END，也就是字串的結尾處。

點選「刪除字串」按鈕之後，第 6 ～ 7 行的 btn2_on() 函數就會執行。這個函數會對輸入字串元件執行 **delete()** 命令，以 en.delete(0, tkinter.END) 的語法刪除所有的字串。參數的 0 是字串的開頭位置。若將 0 改成 1，就會保留第 1 個文字，以及刪除其餘的文字。

若是點選「取得字串」按鈕，第 9 ～ 10 行的 btn3_on() 函數就會執行。這個函數會以 **get()** 命令取得輸入字串元件的字串，再以 b3["text"]=en.get() 的語法改寫按鈕的字串。

我有位電腦天才少年的朋友

這是 1980 年代的故事。在當時,有不少電機製造商推出了平價的個人電腦,所以個人電腦也開始於一般家庭普及,連理工大學或是工科的高中也都採購了電腦,一時之間,個人電腦或是掌上型電腦也廣受歡迎。我就是在這個時代背景下,度過了國中、高中這段多愁善感的少年時期。

當時我的同學之中,有一位精通電腦的 K 少年。當時的軟體都不是利用現在常見的 C 語言或 Python 撰寫,而是使用近似機械語言的組合語言撰寫(當時 Python 還沒問世,C 語言也才剛開始普及)。此外,家用電腦通常會搭載 BASIC 這種方便初學者學習的程式設計語言,以 BASIC 撰寫的程式也於不同的情況下應用。

這位 K 少年除了精通 BASIC,連組合語言也很擅長,更讓人驚訝的是,年僅 12 ～ 13 歲的他光是看到機械語言的檔案,就能立刻知道這是什麼程式。他除了會開發各種軟體,也會開發許多遊戲軟體,提供同學遊玩。我從小就很喜歡打電動與玩遊戲機,所以我也想試著學寫程式,想開發屬於自己的遊戲,升上國中之後,認識了 K 少年,覺得他實在很厲害,便更加努力學習程式設計。

K 少年之後成為非常優秀的技術人員與研究學者,也在電腦業界留下了不凡的成績,我也一直覺得,我能有機會撰寫電腦相關的書籍,全都是拜他所賜。

前一章已經算是完成遊戲的流程了，而本章則是要替電腦撰寫思考邏輯，讓電腦變得更強。這次的思考邏輯分成兩種，一種是較為陽春的版本，另一種則是非常正式的版本。讓我們一邊學習這兩種版本的演算法，一邊加強對演算法的認識吧！

製作黑白棋遊戲
～後篇～

Chapter

8

黑白棋的思考邏輯

接著要說明於開發黑白棋的思考邏輯使用的演算法。

⟫⟫ 思考邏輯有很多種

自古以來，就發明了許多有關黑白棋的思考邏輯，其中最為有名的是極小化極大演算法（min-max 演算法），以及讓這個演算法更有效率的 α-β 搜尋演算法。這兩種演算法都會計算幾步之後的盤面，確定各色棋子的增減數量，再根據對玩家有利（對電腦不利）的下一步，決定電腦該走的下一步。

此外，黑白棋也有固定的棋譜（定石），所以也有利用這類棋譜搭配上述的演算法，讓電腦變強的方法。筆者經營的遊戲開發公司就曾開發棋譜加 α-β 搜尋演算法的黑白棋遊戲。

以上這些手法都是在 1980 年發明，長年以來，都被當成黑白棋的思考邏輯使用。現代除了這些手法之外，還有利用蒙地卡羅演算法一路計算到終局的盤面，讓電腦走出勝率較高的下一步的方法。

本書就要帶大家一起撰寫這個被譽為思考邏輯新猷的蒙地卡羅演算法。

⟫⟫ 古典手法預判盤面的方法

接下來都將「計算之後的盤面，選擇適當的下一步」稱為「預判」。在此簡單地說明極小化極大演算法與 α-β 演算法的預判機制。雖然蒙地卡羅演算法與這兩種演算法不同，但在撰寫時，還是得先知道預判後續局面的意義。

極小化極大演算法或 α-β 演算法會如下圖計算後續的盤面，了解黑白棋的數量變化，再選擇最理想的一步。

圖 8-1-1　盤面呈不斷向下延伸的樹狀圖

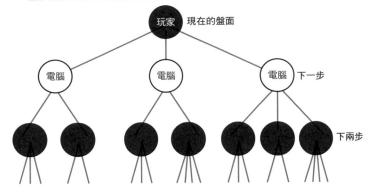

這張圖是玩家下了黑子之後的盤面，從圖中可以發現電腦可落白子的位置有三個，也可以看到接下來玩家有哪些位置可以下黑子，盤面會如這張不斷向下延伸的樹狀圖發展。

黑白棋的盤面通常會比這張圖複雜，必須思考更多可落子的位置，所以要計算的盤面種類也更多。

讓我們一起透過右圖預判接下來的盤面吧。

「如果是你，會在 A 還是 B 下黑子呢？」

圖 8-1-2　會在何處落子？

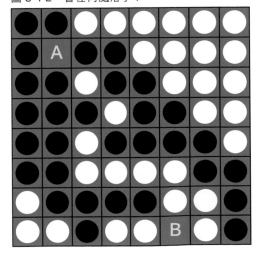

若是選擇 A，會有 2 顆白子翻成黑子，選擇 B 則會有 6 顆白子翻成黑子。如果是最終的盤面，當然應該選擇 B 才對，但這個盤面還有後續，所以在 A 落子之後，在下一個盤面之中，會有 1 顆黑子翻成白子，若是在 B 落子，會在下一個盤面之中有 7 顆黑子翻成白子。

圖 8-1-3　如果思考後續兩步的話…

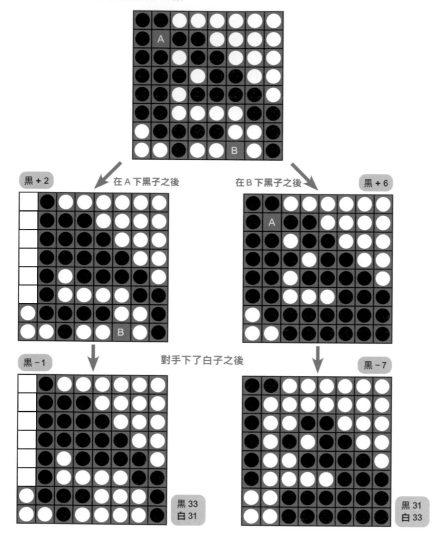

- 在棋格 **A** 下黑子　黑 **+2** → 黑 **-1**　所以黑子的增減為 **+1**
- 在棋格 **B** 下黑子　黑 **+6** → 黑 **-7**　所以黑子的增減為 **-1**

從這個例子來看，在 B 下黑子反而會被白子逆轉。要讓電腦變強，就必須寫出讓電腦懂得在 A 落子的演算法。

如果後續還有好幾步，就有可能演變成在 B 落子才是正解的情況。如果能計算後續的每一步，電腦獲勝的機率就會大幅提升。

》》》 關於搜尋演算法

在多筆資料之中尋找目標資料的演算法稱為搜尋演算法。這類演算法的種類非常多，有從凌亂的資料之中找出目標資料的線性搜尋演算法，也有從升冪或降冪的資料之中快速找出目標資料的二元搜尋演算法。

就廣義來說，從黑白棋這種資料呈樹狀分佈的資料之中，以極小化極大演算法搜尋目標資料也算是使用了搜尋演算法。

線性搜尋演算法或是二元搜尋演算法都是最單純的演算法，以目前的電腦規模來看，不管是多麼龐大的資料，應該都能瞬間找出目標值。不過，要一邊計算黑白棋這類之後的盤面，一邊找到目標值（最佳落子棋格），可利用極小化極大演算法或 α‑β 演算法預判後續幾步，或是利用蒙地卡羅演算法不斷地試走下一步，不過，這些計算都需要耗費一些時間。

》》》 思考時間非常重要

能否在短時間內找到目標資料，是搜尋演算法非常重要的一環，這道理也可套用在電腦遊戲的思考邏輯。假設電腦的思考時間太久，玩家就會覺得這遊戲很慢，也會等得不耐煩。

電腦的思考邏輯不太可能在短時間內計算完畢，尤其在黑白棋之中，下一步越多，盤面的變化就越複雜，要計算所有的變化就得耗費不少時間，所以必須設下停止預判的終點。電腦的思考時間與棋力的高低往往是互相排擠的。

就算是相同強度的思考邏輯，優秀的程式設計師撰寫的演算法，往往能夠採用更高速的計算方法，更快完成計算。

》》 思考邏輯的新成員「蒙地卡羅演算法」

從 Lesson 8-3 之後會仔細介紹蒙地卡羅演算法，所以在此僅粗淺地介紹一下。

蒙地卡羅演算法是利用亂數計算數據或模擬數據的手法。這個手法的歷史其實非常悠久，但近年來常用來撰寫電腦遊戲的思考邏輯。

本章會先介紹以蒙地卡羅演算法計算圓周率的方法，幫助大家了解這個演算法的基本，接著會在 Lesson 8-4 ～ 8-5 介紹以這種演算法撰寫黑白棋的思考邏輯的流程。在學習蒙地卡羅演算法之前，會先在 Lesson 8-2 試著替電腦撰寫陽春版的演算法，作為撰寫思考邏輯的前置練習。

從以前到現在，極小化極大演算法或 α-β 演算法就在許多電腦雜誌或書籍之中被當成黑白棋的思考邏輯，網路上也有許多介紹這兩種演算法的網站，有興趣的讀者不妨試著在網路搜尋這兩種演算法。

COLUMN

思考邏輯的種類與電腦的棋力高低

由於每個人玩黑白棋的實力都不同，所以與電腦下棋時，有些人會覺得電腦很強，有些人則覺得很弱。不過，若能先告訴大家思考邏輯的種類、程式設計的難易度、完成處理的時間，以及電腦的棋力，會比較容易了解接下來要學習的內容，所以筆者試著以「偶爾會玩黑白棋的人」的感覺，整理了下列這張表格。

思考邏輯	程式設計難易度	處理時間	電腦棋力
❶ 定義優先落子的棋格 ※ 會於 Lesson 8-2 撰寫	簡單	幾乎等於 0	適合作為黑白棋初學者的練習對手。雖然比隨機亂下來得強，但初學者在下過幾次之後，就有可能戰勝電腦。
❷ 極小化極大演算法、α-β 演算法	困難	很久（視計算次數而定）	如果是一般的玩家，應該會覺得這個程度的電腦很強。而且還能改造計算方法，讓電腦變得更強。
❸ 蒙地卡羅演算法 ※ 會於 Lesson 8-5 撰寫	普通		

雖然蒙地卡羅演算法是簡單易懂的手法，但是比起極小化極大演算法或 α-β 演算法，更容易讓電腦變強。我一直認為蒙地卡羅法是最方便初學者學習演算法的題材。

蒙地卡羅演算法會不斷地進行計算，找出電腦勝率較高的棋格，所以與自古以來的預判手法一樣，都需要耗費一些時間計算。本書會拿捏處理時間與電腦棋力高低之間的平衡，將黑白棋調整成不會讓玩家等待太久的遊戲。

Lesson 8-2　撰寫陽春版思考邏輯

本章要帶大家練習撰寫思考邏輯的演算法，讓大家在學習蒙地卡羅演算法之前，學習搜尋優先落子棋格的演算法，讓電腦稍微變強一點。

⟫⟫⟫ 取得角落就能佔上風

若能在玩黑白棋的時候佔領四個角落，就能讓對手的棋子翻面，也能讓局面倒向自己。如果不小心在四個角落的旁邊落子，就很有可能會被對手佔領角落，局面也有可能因此倒向對方。

圖 8-2-1　哪些棋格可以扭轉局面

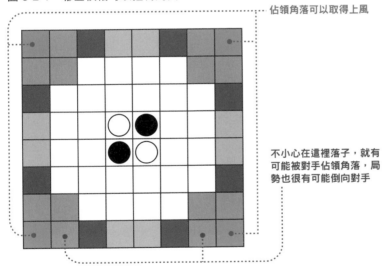

佔領角落可以取得上風

不小心在這裡落子，就有可能被對手佔領角落，局勢也很有可能倒向對手

只要稍微玩過黑白棋的人，應該都知道這些事情，所以當電腦懂得佔領角落，以及不要在角落旁邊的棋格落子，應該就會比隨機落子的時候來得更強。

>>> 將優先落子棋格定義為資料

在**圖 8-2-1** 的粉紅色棋格之外的棋格落子，能讓局面倒向自己。例如，在紫色的棋格落子，就有可能取得角落。所以這次要讓電腦依照藍色棋格→紫色棋格→橘色棋格→白色棋格→粉紅色棋格的順序落子。

如果角落與白色棋格都可以落子，就先在角落落子。此外，黑白棋沒有在可落子的時候跳過這一輪的規則。
因此，如果只剩下粉紅色棋格可以落子，就只能在粉紅色棋格落子。

可利用下列的二維陣列將優先的棋格轉換成數值。

```
point = [
    [6,2,5,4,4,5,2,6],
    [2,1,3,3,3,3,1,2],
    [5,3,3,3,3,3,3,5],
    [4,3,3,0,0,3,3,4],
    [4,3,3,0,0,3,3,4],
    [5,3,3,3,3,3,3,5],
    [2,1,3,3,3,3,1,2],
    [6,2,5,4,4,5,2,6]
]
```

值越大的棋格越優先。例如，若有 A 與 B 這兩個棋格可以落子，而 A 的值為 5、B 的值為 3，電腦就會先在值較高的 A 落子。

>>> 確認程式內容

接下來讓我們一起了解找出優先落子棋格的程式。第 7 章撰寫了讓電腦隨機下棋的 computer_0() 函數，但這一章要刪除這個函數，另外撰寫名為 computer_1() 的函數，在電腦植入思考邏輯。

程式 8-2-1 ▶ list8_2.py　※只列出與前一章 7-6 的程式不同之處

```
121  point = [
122      [6,2,5,4,4,5,2,6],
123      [2,1,3,3,3,3,1,2],
124      [5,3,3,3,3,3,3,5],
125      [4,3,3,0,0,3,3,4],
126      [4,3,3,0,0,3,3,4],
127      [5,3,3,3,3,3,3,5],
128      [2,1,3,3,3,3,1,2],
129      [6,2,5,4,4,5,2,6]
130  ]
131  def computer_1(iro): # 搜尋優先落子棋格
132      sx = 0
133      sy = 0
134      p = 0
135      for y in range(8):
136          for x in range(8):
137              if kaeseru(x, y, iro)>0 and point[y][x]>p:
138                  p = point[y][x]
139                  sx = x
140                  sy = y
141      return sx, sy

179  cx, cy = computer_1(color[turn])
```

定義優先落子棋格

選擇優先落子棋格的思考邏輯
將 0 代入變數 sx
將 0 代入變數 sy
將 0 代入變數 p
迴圈　y 會從 0 遞增至 7
迴圈　x 會從 0 遞增至 7
當 kaeseru() 的傳回值大於 0

以及 point[y][x] 的傳回值大於 p
將 point[y][x] 的值代入變數 p
將 x 與 y 的值分別代入 sx 與 sy
傳回 sx 與 sy 的值

以 computer_1() 函數決定落子的位置

在這個新程式之中，以二維列表定義了優先落子棋格，從當下的盤面找出優先落子的棋格。

執行畫面在此省略。請實際玩玩看，確認電腦是不是比隨機落子的時候更強。不過，其實電腦沒有變得太強，所以很會玩黑白棋的人或許會覺得跟隨機落子時的電腦差不多。

⟫⟫ computer_1() 函數的內容

在此說明 computer_1() 函數的內容。一開始在第 132 ～ 133 行宣告了代入棋格位置的變數 sx、sy，也將 0 代入變數 p。

接著以第 135 ～ 140 行的變數 y 與 x 的雙重迴圈確認整個盤面的狀態，然後以 kaeseru(x, y, iro)>0 的條件式確認能否在 board[y][x] 配置 iro 的棋子。假設可在該棋格落子，point[y][x] 的值又比變數 p 大，就將 point[y][x] 代入變數 p，再將該棋格的位置代入 sx 與 sy。

在雙重迴圈結束處理之後，在所有可落子的棋格之中，point[][] 的值最高的棋格的位置就會代入 sx 與 sy，而這個程式也會傳回 sx 與 sy 的值。

於第 179 行呼叫這個 computer_1() 函數，再將優先落子的棋格的位置代入變數 cx 與 cy。

其他變更的部分還有把原本的第 20 行 board. append([0,0,0,0,0,0,0,0]) 改 成 board. append([0]*8)。這部分只是用來簡單二維列表的定義而已,與思考邏輯沒有關係。

》》》 電腦的棋力高低

本章結尾的專欄會讓隨機落子的 computer_0() 與本章的 computer_1() 對戰,藉此確認 computer_1() 真的比較強。

對於黑白棋高手來說,使用本章撰寫的陽春版演算法的電腦可能還是太弱。我們將在下一節的 Lesson 8-3 學習蒙地卡羅演算法的基礎,並在 Lesson 8-5 撰寫讓 computer_1() 變得更強的思考邏輯。

一開始的確覺得電腦變強了,但多玩幾次就能勝過電腦。也發現電腦的思考邏輯很單一。

對啊,有些電腦遊戲必須具備一定的不規則性喲。蒙地卡羅演算法會用到亂數,所以電腦的思考邏輯也不會那麼單一。

Lesson 8-3 了解蒙地卡羅演算法

要以蒙地卡羅演算法撰寫思考邏輯，就必須先了解以蒙地卡羅演算法進行模擬的機制。讓我們透過蒙地卡羅演算法的具體範例，了解蒙地卡羅演算法。

››› 了解蒙地卡羅演算法的具體範例

蒙地卡羅演算法是利用亂數計算數值或模擬數值的手法。從以前到現在，都會利用蒙地卡羅演算法計算圓周率，作為學習程式設計的題材之一。這節也將帶大家了解以蒙地卡羅演算法計算圓周率的程式，藉此了解蒙地卡羅演算法。

››› 計算圓周率

接著說明蒙地卡羅演算法計算圓周率的方法。假設如下圖般，在邊長為 n 的正方形之中，隨機配置無數個點。

圖 8-3-1　在正方形之中，隨機配置無數個點

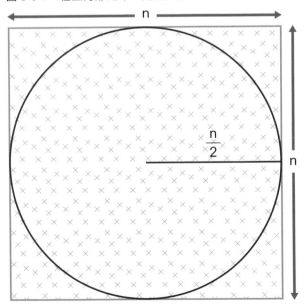

接著在這個正方形之內繪製一個與各邊鄰接的正圓形。

此時正方形的面積為 n×n，圓形的面積則為

$\frac{n}{2} \times \frac{n}{2} \times \pi = n \times n \times \frac{\pi}{4}$，所以正方形與圓形的面積比率為 $1 : \frac{\pi}{4}$。

在正方形之內配置點的時候，計算配置點的次數，以及計算點落在圓形之內的次數。假設配置點的次數為 rp，點落在圓形之中的次數為 cp，正方形與圓形的面積比可整理成下列的公式：

$1 : \frac{\pi}{4} \fallingdotseq rp : cp$

從這個公式可導出 $\pi = 4*cp/rp$。

要注意的是，這個公式只在 rp 與 cp 都是極大值（配置無限個點）的時候成立。

≫≫ 確認程式內容

接著讓我們透過程式觀察一邊在正方形內部隨機配置點，一邊計算圓周率的過程。下列的程式會一邊以亂數決定點的座標，一邊在畫布配置點，同時還會計算配置點的次數以及點落在圓形內部的次數，最後再以 $\pi = 4*cp/rp$ 的公式算出圓周率。

這次會進行 1 萬次的繪圖與計算，所以有可能會因為電腦規格不夠強而耗費較多的時間。

雖然電腦規格會影響計算時間的長短，但一般來說，Mac 電腦會比 Windows 電腦需要更多時間計算。使用 Mac 電腦的讀者請耐著性子，盯著螢幕上的變化。

程式 8-3-1 ▶ monte_carlo_pi.py

| ```
01  import tkinter
02  import random
03
04  pi = 0
05  rp = 0
06  cp = 0
07  def main():
08      global pi, rp, cp
09      x = random.randint(0, 400)
10      y = random.randint(0, 400)
11      rp += 1
12      col = "red"
13      if (x-200)*(x-200)+(y-200)*(y-200) <= 200*200:
14          cp += 1
15          col = "blue"
16      ca.create_rectangle(x, y, x+1, y+1, fill=col,
    width=0)
17      ca.update()
18      pi = 4*cp/rp
19      root.title("圓周率"+str(pi))
20      if rp < 10000:
21          root.after(1, main)
22
23  root = tkinter.Tk()
24  ca = tkinter.Canvas(width=400, height=400,
    bg="black")
25  ca.pack()
26  main()
27  root.mainloop()
``` | 載入 tkinter 模組<br>載入 random 模組<br><br>代入圓周率的變數<br>計算配置點的次數的變數<br>計算點落在正圓形之內的變數<br>定義進行即時處理的函數<br>將這些變數宣告為全域變數<br>將亂數代入變數 x<br>將亂數代入變數 y<br>計算配置點的次數<br>將 red（紅色）的字串代入變數 col<br>假設點（x, y）落在正圓形之中<br>增加點落在正圓形之中的次數<br>將 blue（藍色）的字串代入變數 col<br>於（x, y）配置與 col 的顏色對應的點<br><br>更新畫布，立刻繪圖<br>計算圓周率，再將計算結果代入變數 pi<br>在視窗的標題顯示變數 pi 的值<br>連續執行 10000 次<br>即時處理<br><br>建立視窗物件<br>建立畫布元件<br><br>配置畫布<br>執行即時處理函數<br>執行視窗處理 |

※ 這個程式與黑白棋的程式無關，只於本節用於了解蒙地卡羅演算法。

圖 8-3-2　執行結果

```

這個程式在第 20 ～ 21 行以 if 與 after() 呼叫 main() 函數，一邊顯示在視窗配置點的過程，一邊計算圓周率。正方形的邊長為 400 點。

讓我們一起了解 main() 函數的內容。第 9 ～ 10 行將亂數代入變數 x 與 y，接著在（x, y）的座標配置點。亂數的範圍為 0 ～ 400。以變數 rp 計算配置點的次數，再以變數 cp 計算點落在正圓形之內的次數。

為了得知點是否位於正圓形之內，這個程式利用第 13 行的 if (x-200)*(x-200)+(y-200)*(y-200) <= 200*200 的條件式進行判斷。這個條件式就是「**計算兩點間距離」的數學公式**，而這個 if 條件式的意思是當圓心的座標為（200, 200），落點的位置（x, y）與圓心的距離也小於正圓形半徑 200，代表該點落在正圓形之內。

接著為大家進一步說明這個條件式。

（x, y）與點 (x_o, y_o) 的距離為 $\sqrt{(x-x_o)^2+(y-y_o)^2}$。若圓心為 (x_o, y_o) 且

$$\sqrt{(x-x_o)^2+(y-y_o)^2} <= 半徑$$

代表座標 (x, y) 落在正圓形之中。

將這個公式的等號兩側乘以平方，拿掉根號之後，就能整理成下列的公式。

$$(x-xo)2+(y-yo)2 <= 半徑的平方$$

這次的程式就是將上列的公式寫成 if 條件式的條件。

圓周率是於第 18 行的 pi = 4*cp/rp 計算，之後則以第 19 行的程式在視窗的標題顯示計算結果。

⟫⟫⟫ 若要算出更正確的值

這個程式無法算出 3.141592…這種正確的圓周率，因為電腦的亂數是偽隨機性的亂數，所以會產生一定的偏頗，無法與真正的亂數相比。一般來說，利用蒙地卡羅演算法進行計算時，使用分佈均勻的亂數以及不斷地重複進行計算，才能得到趨近正確值的結果。

> 第一次學到使用亂數進行模擬的方法。
> 計算圓周率的過程實在很有趣啊！

於開發遊戲使用的蒙地卡羅演算法

有越來越多企業或程式設計師在開發遊戲時,採用蒙地卡羅演算法進行模擬或是開發思考邏輯。使用蒙地卡羅演算法的理由有很多,例如:

· 電腦的處理速度變得更快,可在短時間之內完成大量計算
· 處理大量資料的遊戲越來越多,利用蒙地卡羅演算法可有效調整平衡

另一個理由就是蒙地卡羅演算法比一般的演算法更容易撰寫相關的程式。要從零開始撰寫黑白棋的思考邏輯時,蒙地卡羅演算法絕對比歷史悠久的極小化極大演算法或 α-β 演算法來得容易。

利用蒙地卡羅演算法撰寫的 思考邏輯

接著要説明以蒙地卡羅演算法撰寫黑白棋思考邏輯的方法，下一節則會帶著大家以蒙地卡羅撰寫黑白棋的思考邏輯。

>>> 了解以蒙地卡羅演算法撰寫的思考邏輯

接著以下圖説明以蒙地卡羅演算法撰寫思考邏輯的方法。
下面的盤面輪到黑子。

圖 8-4-1　接下來會有哪些發展？

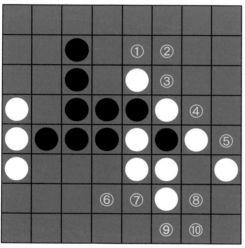

在這個盤面之中，黑子可下在①～⑩的棋格。假設在這些棋格落子，以及持續對弈，直到棋局結束之後，得到下列的勝負結果。

	①	②	③	④	⑤	⑥	⑦	⑧	⑨	⑩
勝負	白子勝利	黑子勝利	黑子勝利	白子勝利	黑子勝利	黑子勝利	白子勝利	白子勝利	黑子勝利	白子勝利

這個結果有可能純屬巧合。不過，在⑧與⑩落子以及落敗的原因，有可能是因為白子佔得角落。

所以，若根據**圖 8-4-1** 的盤面重下一次，或許可以得到下列的結果。

	①	②	③	④	⑤	⑥	⑦	⑧	⑨	⑩
勝負	白子勝利	黑子勝利	白子勝利	黑子勝利	白子勝利	白子勝利	黑子勝利	白子勝利	黑子勝利	黑子勝利

雖然在⑧的棋格落子輸了，但在⑩的棋格落子卻贏了，而且在其他位置落子的勝負結果也改變了。

假設多下幾次棋，模擬 100 次在①～⑩配置黑子之後的變化，得到下列這種黑子勝利的次數。

	①	②	③	④	⑤	⑥	⑦	⑧	⑨	⑩
黑子獲勝次數	47	58	45	49	51	46	49	42	53	37

從上述的結果可以發現，在②的棋格落子的勝率最高。此外，也可以發現在⑧與⑩的棋格落子的敗率較高。若在這個盤面讓電腦在②的棋格落子，就比較有機會打敗玩家。

簡單來説，這個方法就是根據目前的盤面不斷模擬後續發展，找出勝率最高的棋格，也是蒙地卡羅演算法撰寫思考邏輯的基本機制。

》》 該如何撰寫上述的機制？

要利用蒙地卡羅演算法撰寫思考邏輯，就要撰寫在棋格落子之後，讓電腦隨機配置黑子與白子，直到對奕結束為止的處理，接著判斷勝負，以及記錄電腦獲勝的次數。
模擬的次數盡可能越多越好，之後再根據勝利次數最多的一次，作為落子的依據（在哪個棋格落子）。

原來如此，是讓電腦自動下到結束，再根據對戰結果判斷下一步。

>>> 程式所需的函數

要撰寫這種思考邏輯需要具備下列四種功能的函數。

❶	儲存目前盤面
❷	還原儲存的盤面
❸	隨機配置黑子與白子，直到分出勝負為止
❹	確認目前盤面可落子的棋格，並且在該處落子之後，進行步驟❸的處理，以及計算獲勝的次數。還原為一開始的盤面，以及不斷地進行步驟❸與判斷勝負的處理。對所有可落子的棋格進行這套處理，找出勝率最高的下一步

前一節已經知道蒙地卡羅演算法是以亂數進行模擬。這次要使用上述的函數不斷確認對奕結果，找出最接近正解的答案（勝率最高的下一步）。

下一節將帶著大家以蒙地卡羅演算法撰寫思考邏輯，以及完成黑白棋。

撰寫正統的思考邏輯

接著要以蒙地卡羅演算法撰寫思考邏輯。如此一來，黑白棋就完成了。

>>> 確認思考邏輯

接著要先確認以蒙地卡羅演算法撰寫的思考邏輯。這個黑白棋完成版程式的檔案名稱
為 reversi.py。

在 Lesson 8-2 定義落子位置，強化電腦棋力的處理會先刪除，改成以蒙地卡羅演算法
撰寫的思考邏輯 computer_2() 函數。請大家先執行這個程式，之後再說明處理的內容。

程式 8-5-1 ▶ reversi.py　　※ 新增的程式碼會以螢光筆標記。

```
01  import tkinter                              載入 tkinter 模組
02  import tkinter.messagebox                   載入 tkinter.messagebox
03  import random                               載入 random 模組
04
05  FS = ("Times New Roman", 30)                字型定義（小的文字）
06  FL = ("Times New Roman", 80)                字型定義（大的文字）
07  BLACK = 1                                   用於管理黑子的常數
08  WHITE = 2                                   用於管理白子的常數
09  mx = 0                                      被點選的棋格的欄
10  my = 0                                      被點選的棋格的列
11  mc = 0                                      在畫面被點選的時候，代入 1 的變數
12  proc = 0                                    管理遊戲流程的變數
13  turn = 0                                    管理輪誰下棋的變數
14  msg = ""                                    顯示訊息的變數（代入字串）
15  space = 0                                   空白棋格的數量
16  color = [0]*2                               玩家棋子的顏色、電腦棋子的顏色
17  who = ["玩家", "電腦"]                       定義字串
18  board = []                                  管理棋盤的列表
19  back = []                                   儲存盤面的列表
20  for y in range(8):                      ┌─利用 for 迴圈
21      board.append([0]*8)                 │ 將 board 與 back
22      back.append([0]*8)                  └─轉換成二維列表
23
24  def click(e):                               在點選棋盤時執行的函數
25      global mx, my, mc                       將這些變數宣告為全域變數
26      mc = 1                                  將 1 代入 mc
27      mx = int(e.x/80)                        將滑鼠游標的 X 座標除以 80 再代入 mx
28      my = int(e.y/80)                        將滑鼠游標的 Y 座標除以 80 再代入 my
29      if mx>7: mx = 7                         當 mx 超過 7 就設定為 7
30      if my>7: my = 7                         當 my 超過 7 就設定為 7
31
32  def banmen():                               定義顯示棋盤的函數
33      cvs.delete("all")                       清除畫布
34      cvs.create_text(320, 670, text=msg,     顯示訊息的字串
    fill="silver", font=FS)
35      for y in range(8):                      迴圈 y 從 0 遞增至 7
```

接續下一頁

36	`    for x in range(8):`	迴圈 x 從 0 遞增至 7
37	`        X = x*80`	棋格的 X 座標
38	`        Y = y*80`	棋格的 Y 座標
39	`        cvs.create_rectangle(X, Y, X+80, Y+80, outline="black")`	繪製以（X，Y）為左上角的正方形
40	`        if board[y][x]==BLACK:`	當 board[y][x] 的值為 BLACK
41	`            cvs.create_oval(X+10, Y+10, X+70, Y+70, fill="black", width=0)`	顯示黑色圓形
42	`        if board[y][x]==WHITE:`	當 board[y][x] 的值為 WHITE
43	`            cvs.create_oval(X+10, Y+10, X+70, Y+70, fill="white", width=0)`	顯示白色圓形
44	`    cvs.update()`	即時更新畫布
45		
46	`def ban_syokika():`	初始化盤面的函數
47	`    global space`	將 space 宣告為全域變數
48	`    space = 60`	將 60 代入 space
49	`    for y in range(8):`	迴圈 y 從 0 遞增至 7
50	`        for x in range(8):`	迴圈 x 從 0 遞增至 7
51	`            board[y][x] = 0`	將 0 代入 board[y][x]
52	`    board[3][4] = BLACK`	⌐ 在正中央配置 4 顆棋子
53	`    board[4][3] = BLACK`	
54	`    board[3][3] = WHITE`	
55	`    board[4][4] = WHITE`	∟
56		
57	`# 下棋，讓對手的棋子翻面`	
58	`def ishi_utsu(x, y, iro):`	下棋，讓對手的棋子翻面的函數
59	`    board[y][x] = iro`	依照參數在（x，y）的棋格配置對應顏色的棋子
60	`    for dy in range(-1, 2):`	迴圈 dy 將以 -1 → 0 → 1 的順序變化
61	`        for dx in range(-1, 2):`	迴圈 dx 將以 -1 → 0 → 1 的順序變化
62	`            k = 0`	將 0 代入變數 k
63	`            sx = x`	將參數 x 的值代入 sx
64	`            sy = y`	將參數 y 的值代入 sy
65	`            while True:`	以無限迴圈重複執行程式
66	`                sx += dx`	⌐ 讓 sx 與 sy 的值不斷變化
67	`                sy += dy`	∟
68	`                if sx<0 or sx>7 or sy<0 or sy>7:`	如果超出棋盤
69	`                    break`	脫離 while 的迴圈
70	`                if board[sy][sx]==0:`	如果是空白的棋格
71	`                    break`	脫離 while 的迴圈
72	`                if board[sy][sx]==3-iro:`	如果是對手的棋子
73	`                    k += 1`	讓 k 的值遞增 1
74	`                if board[sy][sx]==iro:`	如果是自己的棋子
75	`                    for i in range(k):`	⌐ 讓被夾住的對手的棋子翻面
76	`                        sx -= dx`	
77	`                        sy -= dy`	
78	`                        board[sy][sx] = iro`	∟
79	`                    break`	脫離 while 的迴圈
80		
81	`# 計算在這個位置下棋，對手的棋子會有幾顆翻面`	
82	`def kaeseru(x, y, iro):`	計算在這個位置下棋，對手的棋子會有幾顆翻面
83	`    if board[y][x]>0:`	如果（x，y）的棋格有棋子
84	`        return -1 # 不能落子的棋格`	傳回 -1，離開函數
85	`    total = 0`	將 0 代入變數 total
86	`    for dy in range(-1, 2):`	迴圈 dy 會依照 -1 → 0 → 1 的順序變化
87	`        for dx in range(-1, 2):`	迴圈 dx 會依照 -1 → 0 → 1 的順序變化
88	`            k = 0`	將 0 代入變數 k
89	`            sx = x`	將參數 x 代入 sx
90	`            sy = y`	將參數 y 代入 sy
91	`            while True:`	以無限迴圈重複執行程式

```
92              sx += dx
93              sy += dy
94              if sx<0 or sx>7 or sy<0 or sy>7:
95                  break
96              if board[sy][sx]==0:
97                  break
98              if board[sy][sx]==3-iro:
99                  k += 1
100             if board[sy][sx]==iro:
101                 total += k
102                 break
103     return total
104
105 # 確認有沒有可以落子的棋格
106 def uteru_masu(iro):
107     for y in range(8):
108         for x in range(8):
109             if kaeseru(x, y, iro)>0:
110                 return True
111     return False
112
113 # 計算黑子與白子各有幾顆
114 def ishino_kazu():
115     b = 0
116     w = 0
117     for y in range(8):
118         for x in range(8):
119             if board[y][x]==BLACK: b += 1
120             if board[y][x]==WHITE: w += 1
121     return b, w
122
123 # 電腦的思考邏輯
124 def save():
125     for y in range(8):
126         for x in range(8):
127             back[y][x] = board[y][x]
128
129 def load():
130     for y in range(8):
131         for x in range(8):
132             board[y][x] = back[y][x]
133
134 def uchiau(iro):
135     while True:
136         if uteru_masu(BLACK)==False and uteru_masu
    (WHITE)==False:
137             break
138         iro = 3-iro
139         if uteru_masu(iro)==True:
140             while True:
141                 x = random.randint(0, 7)
142                 y = random.randint(0, 7)
143                 if kaeseru(x, y, iro)>0:
144                     ishi_utsu(x, y, iro)
145                     break
146
147 def computer_2(iro, loops):
148     global msg
149     win = [0]*64
150     save()
```

讓 sx 與 sy 的值不斷變化

如果超出棋盤
脫離 while 的迴圈
如果是空白的棋格
脫離 while 的迴圈
如果是對手的棋子
讓 k 的值遞增 1
如果是自己的棋子
將 k 值遞增至 total
脫離 while 迴圈
傳回 total 的值

確認有無可落子之處的函數
迴圈　y 從 0 遞增至 7
迴圈　x 從 0 遞增至 7
假設 kaeseru() 的傳回值大於 0
傳回 True
傳回 False

計算黑子與白子數量的函數
將 0 代入變數 b
將 0 代入變數 w
迴圈　y 從 0 遞增至 7
迴圈　x 從 0 遞增至 7
當 board[y][x] 為 BLACK，讓 b 遞增 1
當 board[y][x] 為 WHITE，讓 w 遞增 1
傳回 b 與 w 的值

儲存盤面狀態的函數
迴圈　讓 y 從 0 遞增至 7
迴圈　讓 x 從 0 遞增至 7
將 board[y][x] 代入 back[y][x]

還原盤面的函數
迴圈　讓 y 從 0 遞增至 7
迴圈　讓 x 從 0 遞增至 7
將 back[y][x] 代入 board[y][x]

讓電腦隨機落子對奕的函數
利用無限迴圈不斷執行程式（外側的 while）
如果兩邊都沒有可落子的位置

脫離迴圈
顏色交換（黑→白、白→黑）
如果有可以落子的棋格
利用無限迴圈不斷執行程式（內側的 while）
將 0～7 的亂數代入 x
將 0～7 的亂數代入 y
如果在此落子能讓對手的棋子翻面
就在該棋格落子
脫離無限迴圈

以蒙地卡羅演算法決定落子位置的函數
將 msg 宣告為全域變數
將列表 win[] 的元素全部設定為 0
儲存盤面

接續下一頁

```python
151     for y in range(8):
152         for x in range(8):
153             if kaeseru(x, y, iro)>0:

154                 msg += "."
155                 banmen()
156                 win[x+y*8] = 1
157                 for i in range(loops):
158                     ishi_utsu(x, y, iro)
159                     uchiau(iro)
160                     b, w = ishino_kazu()

161                     if iro==BLACK and b>w:
162                         win[x+y*8] += 1
163                     if iro==WHITE and w>b:
164                         win[x+y*8] += 1
165                     load()
166     m = 0
167     n = 0
168     for i in range(64):
169         if win[i]>m:
170             m = win[i]
171             n = i
172     x = n%8
173     y = int(n/8)
174     return x, y
175
176 def main():
177     global mc, proc, turn, msg, space
178     banmen()
179     if proc==0: # 標題畫面
180         msg = "請選擇先攻或後攻"
181         cvs.create_text(320, 200, text="Reversi",
    fill="gold", font=FL)
182         cvs.create_text(160, 440, text="先攻(黑)",
    fill="lime", font=FS)
183         cvs.create_text(480, 440, text="後攻(白)",
    fill="lime", font=FS)
184         if mc==1: # 點選視窗
185             mc = 0
186             if (mx==1 or mx==2) and my==5:
187                 ban_syokika()
188                 color[0] = BLACK
189                 color[1] = WHITE
190                 turn = 0
191                 proc = 1
192             if (mx==5 or mx==6) and my==5:
193                 ban_syokika()
194                 color[0] = WHITE
195                 color[1] = BLACK
196                 turn = 1
197                 proc = 1
198     elif proc==1: # 顯示換誰下棋的訊息
199         msg = "換您下棋"
200         if turn==1:
201             msg = "電腦　思考中."
202         proc = 2
203     elif proc==2: # 決定落子的位置
```

行號	說明
151	迴圈　讓 y 從 0 遞增至 7
152	迴圈　讓 x 從 0 遞增至 7
153	如果在（x, y）的棋格落子，可以讓對手的棋子翻面
154	在 msg 的字串加入 ·
155	重新繪製盤面
156	將 1 代入 win[x+y*8]
157	依照參數 loops 的次數重複執行程式
158	在（x, y）的棋格落子
159	讓電腦對奕
160	將黑子的數量代入變數 b，將白子的數量代入變數 w
161	如果 iro 為 BLACK，而且黑色較多
162	讓 win[x+y*8] 的值遞增 1
163	如果 iro 為 WHITE，而且白色較多
164	讓 win[x+y*8] 的值遞增 1
165	還原盤面
166	將 0 代入變數 m
167	將 0 代入變數 n
168	迴圈　讓 i 從 0 遞增至 63
169	假設 win[i] 大於 m 的值
170	將 win[i] 的值代入 m
171	將 i 的值代入 n
172	將 n%8 代入 x
173	將 n/8 的整數代入 y
174	傳回 x 與 y 的值
176	進行主要處理的函數
177	將這些變數宣告為全域變數
178	呼叫繪製棋盤的函數
179	當 proc 為 0 時（標題畫面）
180	將字串代入變數 msg
181	顯示遊戲標題
182	顯示「先攻（黑）」
183	顯示「後攻（白）」
184	當玩家點選視窗
185	將 0 代入變數 mc
186	假設玩家點選先攻
187	初始化盤面
188	玩家執黑子
189	電腦執白子
190	將 0 代入 turn，設定玩家先攻
191	將 1 代入 proc
192	假設玩家點選後攻
193	初始化盤面
194	玩家執白子
195	電腦執黑子
196	將 1 代入 turn，設定電腦先攻
197	將 1 代入 proc
198	當 proc 為 1 時（顯示換誰下棋的訊息）
199	將「換您下棋」代入變數 msg
200	假設 turn 為 1
201	將「電腦　思考中．」代入 msg
202	將 2 代入 proc
203	當 proc 為 2 時（決定落子的棋格）

```
204         if turn==0: #  玩家
205             if mc==1:
206                 mc = 0
207                 if kaeseru(mx, my, color[turn])>0:
208                     ishi_utsu(mx, my, color[turn])
209                     space -= 1
210                     proc = 3
211         else: # 電腦
212             MONTE = [300, 300, 240, 180, 120, 60, 1]
213             cx, cy = computer_2(color[turn], MONTE
[int(space/10)])
214             ishi_utsu(cx, cy, color[turn])
215             space -= 1
216             proc = 3
217     elif proc==3: # 換邊下棋
218         msg = ""
219         turn = 1-turn
220         proc = 4
221     elif proc==4: # 確認有沒有可以落子的棋格
222         if space==0:
223             proc = 5
224         elif uteru_masu(BLACK)==False and uteru_
masu(WHITE)==False:
225             tkinter.messagebox.showinfo("", "雙方
皆無處落子，對奕結束")
226             proc = 5
227         elif uteru_masu(color[turn])==False:
228             tkinter.messagebox.showinfo("",
who[turn]+"沒有可落子之處，換邊下棋")
229             proc = 3
230         else:
231             proc = 1
232     elif proc==5: # 判斷勝負
233         b, w = ishino_kazu()
234         tkinter.messagebox.showinfo("對奕結束",
"黑={}、白={}".format(b, w))
235         if (color[0]==BLACK and b>w) or
(color[0]==WHITE and w>b):
236             tkinter.messagebox.showinfo("", "玩家
獲勝！")
237         elif (color[1]==BLACK and b>w) or
(color[1]==WHITE and w>b):
238             tkinter.messagebox.showinfo("", "電腦
獲勝！")
239         else:
240             tkinter.messagebox.showinfo("", "平手")
241         proc = 0
242     root.after(100, main)
243
244 root = tkinter.Tk()
245 root.title("黑白棋")
246 root.resizable(False, False)
247 root.bind("<Button>", click)
248 cvs = tkinter.Canvas(width=640, height=700,
bg="green")
249 cvs.pack()
250 root.after(100, main)
251 root.mainloop()
```

假設輪玩家下棋
按下滑鼠左鍵時
將 mc 設定為 0
假設點選了可落子的棋格
在該棋格落子
讓 space 的值減 1
將 3 代入 proc
如果輪電腦下棋
讓電腦連續對奕
或是以蒙地卡羅演算法決定落子的位置

在該棋格落子
讓 space 的值減 1
將 3 代入 proc

當 proc 為 3 時（換邊下棋）
清除訊息
若 turn 的值為 0，就設定為 1，若為 1 就設定為 0
將 4 代入 proc

當 proc 為 4 時（確認有沒有可落子的棋格）
若所有的棋格都有棋子
將 proc 設定為 5，判斷勝負
如果兩邊都沒有可落子的棋格

利用訊息方塊說明現況

將 proc 設定為 5，判斷勝負
假設沒有可以配置棋子 color[turn] 的棋格
利用訊息方塊說明現況

將 3 代入 proc，跳過這輪（換邊下棋）
否則（代表有可落子之處）
將 1 代入 proc，跳至下棋的處理

當 proc 為 5 時（判斷勝負）
將黑子的數量代入變數 b，白子的數量代入變數 w
在訊息方塊顯示黑子與白子的數量

假設這個條件式成立

顯示「玩家獲勝！」

否則，當這個條件式成立

顯示「電腦獲勝！」

否則
顯示「平手」
將 0 代入 proc
在 100 毫秒之後，呼叫 main()

建立視窗物件
指標視窗標題
禁止調整視窗大小
指定在按下滑鼠左鍵時執行的函數
建立畫布元件

在視窗配置畫布
呼叫 main() 函數
執行視窗處理

表 8-5-1 　主要變數與列表

FS、FL	字型的定義
BLACK、WHITE	管理黑子與白子的常數（BLACK 的值為 1，WHITE 的值為 2）
mx、my	接收滑鼠輸入值（點選了哪個棋格）
mc	接收滑鼠輸入值（在按下滑鼠左鍵時，設定為 1）
proc	管理遊戲流程
turn	管理輪誰下棋（0 為玩家，1 為電腦）
msg	將字串代入位於視窗下方的訊息方塊
space	管理還有幾個空白的棋格
color[]	確認玩家與電腦的棋子是何種顏色，代入 BLACK 或是 WHITE
who[]	定義「玩家」「電腦」這兩個字串
board[][]	棋盤狀態
back[][]	儲存盤面的列表

圖 8-5-1 　執行結果

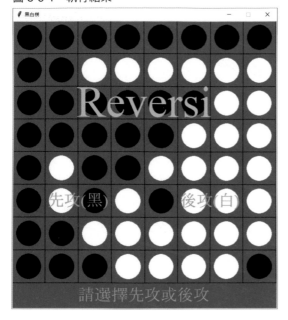

接著說明以蒙地卡羅演算法撰寫思考邏輯所需的四個函數。

》》 save()、load() 函數

第 124 ～ 127 行是儲存盤面的 save() 函數，此函數會將 board[][] 的值代入儲存盤面
的二維列表 back[][]。
第 129 ～ 132 行是還原盤面的 load() 函數，此函數會將 back[][] 的值代入 board[][]。

》》 uchiau() 函數

第 134 ～ 145 行是讓黑子與白子隨機對奕的 uchiau() 函數，此函數會不斷地配置黑子
與白子。在 computer_2() 函數將棋子配置在可落子的位置之後，就會執行這個函數。
在此針對 uchiau() 函數說明。

```python
def uchiau(iro):
    while True:
        if uteru_masu(BLACK)==False and uteru_masu(WHITE)==False:
            break
        iro = 3-iro
        if uteru_masu(iro)==True:
            while True:
                x = random.randint(0, 7)
                y = random.randint(0, 7)
                if kaeseru(x, y, iro)>0:
                    ishi_utsu(x, y, iro)
                    break
```

這個函數是在 while 迴圈再放另一個 while 迴圈的巢狀構造。外側的 while 會在還
有可落子的位置的時候，以公式 iro = 3-iro 讓黑子與白子輪流配置，再執行內側的
while 迴圈。內側的 while 迴圈會執行隨機在棋格落子的處理。之後會以 if uteru_
masu(iro)==True 的 if 條件式在還有可落子的棋格時，執行內側的 while 迴圈。

這個函數的參數 iro 會是 BLACK（值 1）或 WHITE（值 2）。
當 iro 為 1（BLACK），3-iro 就會是 2（WHITE），
當 iro 為 2（WHITE），3-iro 就會是 1（BLACK）。

內側的 while 迴圈與前一章隨機配置棋
子的處理相同。

≫≫ computer_2() 函數

第 147 ～ 174 行的 computer_2() 是以蒙地卡羅演算法撰寫思考邏輯的函數。在此針對 computer_2() 函數說明。

```
def computer_2(iro, loops):
    global msg
    win = [0]*64
    save()
    for y in range(8):
        for x in range(8):
            if kaeseru(x, y, iro)>0:
                msg += "."
                banmen()
                win[x+y*8] = 1
                for i in range(loops):
                    ishi_utsu(x, y, iro)
                    uchiau(iro)
                    b, w = ishino_kazu()
                    if iro==BLACK and b>w:
                        win[x+y*8] += 1
                    if iro==WHITE and w>b:
                        win[x+y*8] += 1
                    load()
    m = 0
    n = 0
    for i in range(64):
        if win[i]>m:
            m = win[i]
            n = i
    x = n%8
    y = int(n/8)
    return x, y
```

computer_2() 函數設定了指定棋子顏色的參數 iro，以及指定電腦隨機對奕次數的參數 loops。由於會不斷對奕，所以一開始會先以 save() 函數儲存目前的盤面。

這個函數的構造是在變數 y 與 x 的雙重 for 迴圈之中，放入變數 i 的 for 迴圈，也就是三重迴圈（多重迴圈）的構造。

以 y 與 x 的雙重迴圈確認盤面之後，若是可在（x, y）的棋格配置 iro 的棋子，會以變數 i 的 for 迴圈依照 loops 指定的次數，以 uchiau() 函數讓電腦隨機對奕，直到分出勝負為止，同時計算勝利的次數。由於會不斷嘗試對奕，所以對奕結束之後，會以 load() 函數還原盤面。

獲勝的次數會代入在函數之內宣告的 win[]。例如，電腦在左上角配置棋子之後，以及在隨機對奕之後獲勝的話，win[0] 就遞增 1。

以 if kaeseru(x, y, iro)>0 找到可落子的位置之後，在輪流下子之前，先以 win[x+y*8]=1 將 1 代入 win[]。會這麼寫是為了在調查獲勝次數最多的棋格時，簡化這部分的程式。接下來說明選出獲勝次數最多的棋格的處理。

>>> 選出獲勝次數最多的棋格

computer_2() 函數能選出獲勝次數最多的棋格，在於 m=0、n=0 與後續 for i in range(64) 的部分。在此針對這個部分說明選出 win[] 為最大值的棋格的方法。

```
m = 0
n = 0
for i in range(64):
    if win[i]>m:
        m = win[i]
        n = i
x = n%8
y = int(n/8)
return x, y
```

建立變數 m 與 n，再以 for 迴圈調查 8×8=64 個棋格。假設 if win[i]>m 這個條件式成立，將 win[i] 的值代入 m，再將棋格的編號（i 的值）代入 n。不斷重複這個過程之後，將 win[] 的最大值代入 m，再將該棋格的編號代入 n。

根據 n 的值以 x = n%8、y=int(n/8) 的式子計算棋格的位置（board[y][x] 的 y 與 x 的值）。棋格的編號與位置請參考下列示意圖。可根據這張圖確認程式的內容。

圖 8-5-2　棋格的編號與 board[y][x] 的索引值

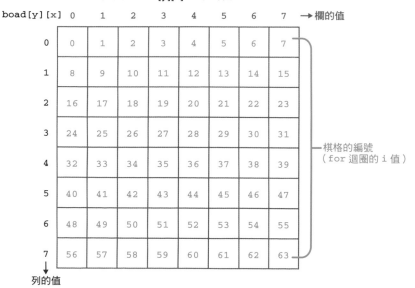

舉例來說，當 n 為 20 時，x 會是 20%8 的 4，y 會是 int(20/8) 的 2，所以 n 為 20 時的棋格是 board[2][4]，大家可從上圖確認這個結果。

求得 x 與 y 的值之後，會以函數最後的 return 傳回。只要呼叫這個函數，就能以上述的處理找出勝率最高的棋格。

就算在隨機對奕的時候平手，也有可能遇到不可以在該棋格落子的情況，例如已經確定落敗，而且不斷模擬也是落敗的情況就是其中之一。win[] 雖然不會在這時候遞增，但只要在可落子的棋格的 win[] 放入 1，就能只以 for i in range(64) 的 if win[i]>m 決定可以落子的棋格。這也是為什麼會在第 156 行設定 win[x+y*8]=1。

>>> 讓玩家知道電腦正在思考

有時候電腦會需要花多一點時間思考，此時若是畫面停止不動，玩家有可能會覺得很奇怪，也會擔心程式是不是當掉了，所以這時候要在「電腦　思考中．」的字串增加黑點，讓玩家知道電腦正在思考。這個部分會以 computer_2() 函數的第 154 ～ 155 行的 msg +="." 與 banmen() 進行。

>>> 縮短電腦的思考時間

computer_2() 函數有 iro 與 loops 這兩個參數，loops 是用來指定隨機對奕，調查勝負的次數，而 loops 的次數則是由 main() 函數的第 212 行的 MONTE = [300, 300, 240, 180, 120, 60, 1] 定義。接著在第 213 行撰寫 cx, cy=computer_2(color[turn], **MONTE[int(space/10)]**)，依照空白棋格的數量調整 lops 的值，與持續呼叫 computer_2()。
space 的值是還沒落子的空白棋格的數量，一開始會設定為 60，之後會每配置一顆棋子就遞減 1。下列的表格整理了這個數值以及隨機對奕，調查勝負的次數（預先對奕次數）。

表 8-5-2　空白棋格的數量與蒙地卡羅演算法的預先執行次數

space 的值	0〜9	10〜19	20〜29	30〜39	40〜49	50〜59	60
預先執行次數	300	300	240	180	120	60	1

對奕開始了一段時間之後，會讓預先執行的次數減少，讓電腦在短時間之內落子。越到後半段，預先執行的次數越多。

在黑白棋、將棋、圍棋這種兩人對戰的遊戲之中，對手若是從一開始就陷入長考，許多人都會急著希望對手趕快落子。但隨著盤面不斷發展之後，玩家也需要思考，所以對手在遊戲的中盤或尾盤思考得比較久，也不像是在序盤思考的時候，會讓玩家感到不耐煩。

這次就是預設會出現這種心理狀態，才在對奕的後半段增加蒙地卡羅演算法的預先執行次數，另一方面也是覺得遊戲序盤的預先執行次數較少，也不太會影響勝負。這就是調整電腦的思考時間，避免讓玩家等得不耐煩的方法。

電腦果然比Lesson 8-2撰寫的computer_1()還要強。
我很少玩黑白棋，所以很難贏過computer_2()。

我常玩黑白棋，所以希望電腦能夠再強一點。
下一頁的專欄會介紹如何讓電腦變得更強喲！

如何讓電腦變得更強

多玩幾次這個完成版的黑白棋就會發現,這個版本的電腦會在棋局進行到序盤與中盤的時候,在玩家容易取得角落的棋格落子,或是會不按常理出牌,亂走一通。雖然這的確是靠蒙地卡羅演算法算出來的結果,但是當電腦不按照黑白棋的棋譜落子,輸棋的機率就會大幅提升。如果是對黑白棋有一定功力的玩家,一定都遇過一步錯,滿盤皆落索的經驗,也應該遇過對手不小心下錯而翻盤的經驗。如果能將程式改良成在序盤到中盤這段過程之中,依照棋譜落子的模式,電腦應該會變得更強才對。

如果不想追加新處理,但是想讓電腦稍微變強的話,可試著增加蒙地卡羅演算法的預先執行次數,要注意的是,不能因此讓玩家等太久。此外,就筆者的測試結果來看,預先執行次數從 100 次增加至 200 次之後,電腦的確會變強,但從 200 次增加至 300 次或甚至是更多次,電腦也沒有明顯變強。蒙地卡羅演算法雖然是執行次數越多次,就越能接近正確解答的演算法,但是黑白棋的盤面會隨著每一步改變,所以找不到絕對正確的下一步,所以就算預先執行幾百次處理,也不見得能找到完美的答案。

這次撰寫的蒙地卡羅演算法會對目前盤面可落子的棋格進行相同次數的驗證,如果能夠在找到敗率較高的棋格時,就停止搜尋棋格,以及在找到勝率較高的棋格時,繼續預測後續的盤面會如何發展,電腦應該會變得更強才對。

讓改良後的思考邏輯與改良前的思考邏輯對奕,可客觀地觀察電腦是否真的變強。本書將在最後的專欄介紹讓兩個思考邏輯對奕的程式。

讓演算法對奕

在開發電腦遊戲的思考邏輯時，讓思考邏輯不同的演算法或是調整參數前後的演算法對戰，就能客觀地觀察哪邊的演算法較強悍，而且觀察演算法對戰，有時能得到改良演算法的靈感。

這次的程式是從完成版的 reversi.py 改良而來，主要是讓演算法進行對奕。

▪ 執行 reversi_auto.py

從本書的支援網站下載與解壓縮範例檔之後，可在「Chapter8」資料夾找到「reversi_auto.py」這個程式。執行這個程式可讓定義優先落子之處的 computer_1() 函數與蒙地卡羅演算法的 computer_2() 函數對奕。每回合的對奕結果都會在 Shell 視窗顯示，每執行 100 次對奕，就會顯示相關的訊息以及暫停對奕。

圖 8-C-1 讓演算法對奕的 reversi_auto.py 的畫面

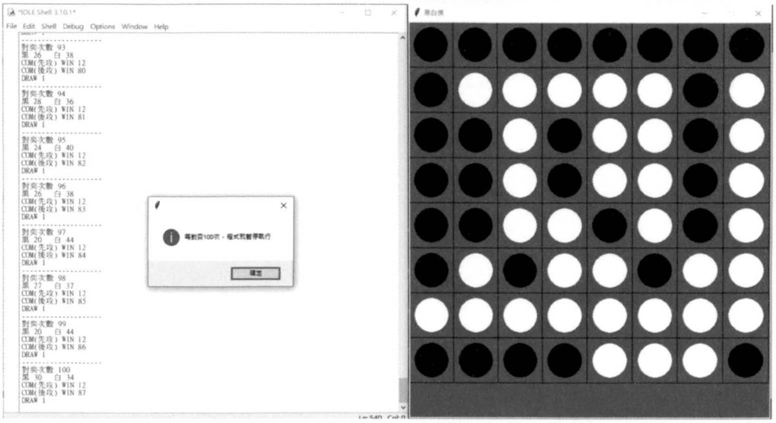

reversi_auto.py 的蒙地卡羅思考邏輯不管空白的棋格有幾格，都會預先執行 30 次。雖然預先執行的次數不多，但還是看得出來比 computer_1() 的演算法來得強。

由於 reversi_auto.py 是每 1 毫秒執行一次處理，所以點選「×」鈕關閉視窗會顯示錯誤訊息，但其實沒什麼關係。

接續下一頁

▪ 讓演算法對奕的程式

接下來針對讓兩個演算法對奕的部分說明。

1 儲存對奕結果的列表與計算對奕次數的變數

```
5    score = [0]*3 # 對奕結果
6    match = 0 # 對奕次數
```

2 將 main() 函數的 proc0 的處理變更為自動開始對奕的內容

```
200     if proc==0: # 標題畫面
201         cvs.create_text(320, 200, text="Reversi AUTO", fill="gold",
    font=FL)
202         ban_syokika()
203         color[0] = BLACK
204         color[1] = WHITE
205         turn = 0
206         proc = 1
```

3 將 main() 函數的 proc2 的處理變更為由演算法代替玩家下棋的處理

```
210     elif proc==2: # 決定落子的棋格
211         if turn==0: # 演算法 先攻
212             cx, cy = computer_1(color[turn])
213             ishi_utsu(cx, cy, color[turn])
214             space -= 1
215             proc = 3
216         else: # 演算法 後攻
217             cx, cy = computer_2(color[turn], 30)
218             ishi_utsu(cx, cy, color[turn])
219             space -= 1
220             proc = 3
```

4 將 main() 函數的 proc5 的處理改成在 Shell 視窗顯示勝負結果的內容

```
236     elif proc==5: # 判斷勝負
237         b, w = ishino_kazu()
238         if (color[0]==BLACK and b>w) or (color[0]==WHITE and w>b):
239             score[0] += 1
240         elif (color[1]==BLACK and b>w) or (color[1]==WHITE and w>b):
241             score[1] += 1
242         else:
243             score[2] += 1
244
245         # 顯示結果
246         match += 1
247         print("--------------------")
248         print("對奕次數 ", match)
249         print("黑", b, "  白", w)
250         print("COM(先攻) WIN", score[0])
251         print("COM(後攻) WIN", score[1])
252         print("DRAW", score[2])
253         if match%100==0:
254             tkinter.messagebox.showinfo("", "每對奕100次，程式就暫停執行")
255         proc = 0
```

5 每 1 毫秒執行 1 次即時處理，早一步確認對弈結果

```
256          root.after(1, main) # 演算法的對戰 將100msec設定為1msec
```

其餘的變更之處就是希望 proc4 的 tkinter.messagebox.showinfo() 顯示訊息方塊之後，暫停執行程式，所以將訊息方塊的部分換成 msg=" 相關訊息 "，避免處理在這個部分就停止執行。

- **顯示對弈過程**

這個程式會顯示對弈過程，但通常為了研究而讓演算法對弈時，通常希望快點得到研究結果，所以不會顯示過程。

如果只想確認結果，可在 banmen() 函數的開頭加入下列的 return 敘述

```
def banmen():
    return
    cvs.delete("all")
    :
```

以 root.after(0, main) 的語法將 after() 命令的參數設定為 0 毫秒，再執行程式。

- **讓演算法對弈**

reversi_auto.py 也撰寫了隨機落子的 computer_0() 函數。若讓 computer_0()、compter_1()、computer_2() 互相捉廝殺，應該會得到很有趣的結果。以筆者的測試結果來看，讓隨機落子的 computer_0() 對弈，先攻與後攻的棋力會出現明顯的差異。

如果將 reversi_auto.py 改寫成進行 1 萬次、2 萬次或 10 萬次對弈的模式，會發現後攻稍微佔上風。

關於黑白棋先攻與後攻何者有利的討論有很多，有些人認為「後攻有利」，有些人則覺得「在人類對弈的情況下，先攻與後攻一樣有利」或是「在 8×8 的棋盤之中，無法得知先攻與後攻何者有利」。

由於筆者是以 Python 的偽亂數進行模擬，所以才會得到後攻稍微有利的結果，所以要先提醒大家，若是人類玩家對弈，不一定會是這個結果。

建議大家試著撰寫原創的思考邏輯。讓新的思考邏輯對戰，應該會得到更有趣的結果。如果覺得自己沒辦法立刻著手撰寫思考邏輯，也可以先繼續撰寫程式，培養自己的程式設計功力，並將自行開發原創演算法當成目標，繼續學習下去。

今後越來越重要的電腦相關知識

二十一世紀已是各種機器、機械都有電路，透過程式控制的時代。舉凡冰箱、冷氣機這類家電，或汽車、電車這類交通工具，或是紅綠燈、路旁的自動販賣機，都是利用程式控制，這類例子也多得不勝其數。我們的生活若是少了電路或是程式將無以為繼，所以每個人都需要具有與電腦相關的知識。

在這股時代潮流之中，政府將程式設計課程列為義務教育是非常有意義的事情。一般普遍認為歐美國家較重視程式設計教育，為了保持競爭力，我們應該也要盡早將程式設計課程納入義務教育才對。我認為讓孩子都能了解電腦以及學習程式設計是件很棒的事。

唯一要注意的是，我覺得學校教育常讓人覺得枯燥乏味，應該有不少人跟我有一樣的想法。我由衷希望被列為義務教育的程式設計課程不會淪為同樣的下場，希望政府與教育相關人士能讓孩子快樂地學習程式設計。不過，與其等待別人幫忙，不如自己動手做，所以我也將繼續撰寫相關的書籍，幫助大家快樂地學習程式設計與電腦相關技術。

讀完所有章節的大家辛苦了！大家應該學到不少程式設計的技術以及演算法的知識。重複地學習才能將這些知識與技術化為己用，如果有些章節與內容還不太懂，建議大家多複習幾遍。

接下來要介紹的是「電子冰上曲棍球」遊戲，幫助大家提升程式設計的功力。

附錄

製作電子冰上曲棍球遊戲

Appendix

什麼是電子冰上曲棍球？

先簡單說明一下電子冰上曲棍球。

>>> 電子冰上曲棍球是什麼？

電動遊戲中心的電子冰上曲棍球是一種營業用的遊樂器。兩位玩家會站在桌子的兩側，以推板這種器具互推碟盤，將碟盤打進對手的終點就能得到一分。當某一方得到一定的分數或是遊戲的時間耗盡，遊戲就結束。

圖 A-1　電子冰上曲棍球

>>> 與電腦對戰

電子冰上曲棍球營業機台是讓兩位玩家進行對戰，但這次要製作的是與電腦對戰的電子冰上曲棍球。在電腦遊戲的分類之中，電子冰上曲棍球屬於**動作遊戲**，如果將電子冰上曲棍球視為體育的一種，這個遊戲就算是**運動遊戲**。光以 Python 內建的功能就能開發動作遊戲或是運動遊戲。

本書的重點是學習演算法，所以會讓電子冰上曲棍球的電腦**擁有回擊碟盤，保護終點的思考邏輯**。

>>> 以滑鼠操作

玩家的推板是以滑鼠操控。推板回擊碟盤就能讓碟盤仿照真實的電子冰上曲棍球，在畫面滑動。

開發電子冰上曲棍球
所需的處理

接著說明完成電子冰上曲棍球所需的處理。

▶▶▶ 推板與碟盤的動作

1 推板可驅動碟盤

這次要以滑鼠控制推板。將推板的座標設定為滑鼠游標的座標，就能控制推板。

2 電腦控制推板

電腦會以推板回擊碟盤，以及計算碟盤的座標，避免自己的終點被攻破。這部分屬於電腦的思考邏輯，會以幾行 if 條件式撰寫。

3 推動碟盤

當碟盤與推板接觸，就會順著推板的移動方向被打飛。真實的電子冰上曲棍球的碟盤是在摩擦力較小的桌面移動，所以看起來很像是在冰面滑動。

這個遊戲也會計算碟盤的座標，讓碟盤在畫面之中滑動，此外，還會讓碟盤在畫面上下左右反彈。

▶▶▶ 進行判定的函數

4 計算兩點間距離

在遊戲確認物體是否接觸的處理稱為**碰撞偵測**。這次要建立計算兩點間距離的函數，再利用這個函數進行推板與碟盤的碰撞偵測處理。

5 判斷碟盤是否進入終點

在視窗顯示的桌面的左右兩端為終點。這次要判斷碟盤是否攻破終點。

電子冰上曲棍球的桌面兩端都有讓碟盤進入的裂縫。這個遊戲會在碟盤進入裂縫這個終點時，讓這個裂縫發光。

》》》 遊戲的整體流程

遊戲會依照下列的流程進行。

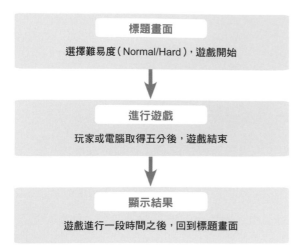

遊戲的流程是以 proc 變數管理，遊戲的時間則是以 tmr 變數管理。

》》》 使用的圖片

這次的遊戲是利用下列的圖片製作。這些圖片放在範例檔的「Appendix」資料夾。

圖 A-2　開發電子冰上曲棍球遊戲所使用的圖片

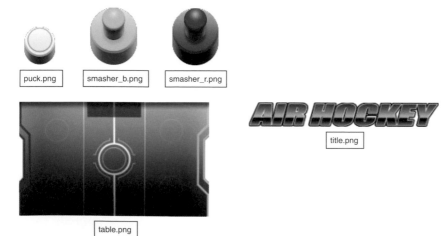

Appendix 3 確認程式與執行過程

接著確認電子冰上曲棍球完成版的內容。請執行下列的程式，玩玩看這個遊戲。
在標題畫面點選畫面左側就會進入 Normal 模式，點選右側就會進入 Hard 模式，遊戲
也會開始。Hard 模式的推板比 Normal 模式的推板移動得更快，遊戲難度也更難。
電腦的推板是紅色的，玩家的推板是水藍色的。推板是以滑鼠游標操控。讓我們一起
將黃色的碟盤打入對手的終點吧。
打入終點一次可以得到 1 分，獲得 5 分的一方就獲勝。

程式 A-1 ▶ air_hockey.py

```
01  import tkinter                              載入 tkinter 模組
02
03  FNT = ("Times New Roman", 60)               定義字型
04  mx = 0                                      代入滑鼠游標的 X 座標
05  my = 0                                      代入滑鼠游標的 Y 座標
06  mc = 0                                      在按下滑鼠左鍵時設定為 1 的變數
07  proc = 0                                    管理遊戲流程的變數
08  tmr = 0                                     管理遊戲時間的變數
09  you_x = 750                                 玩家的推板的 XY 座標
10  you_y = 300
11  you_vx = 0                                  玩家推板的 X 軸與 Y 軸方向的速度
12  you_vy = 0
13  com_x = 250                                 電腦的推板的 XY 座標
14  com_y = 300
15  com_vx = 0                                  電腦推板的 X 軸與 Y 軸方向的速度
16  com_vy = 0
17  pu_x = 500                                  碟盤的 XY 座標
18  pu_y = 300
19  pu_vx = 10                                  碟盤的 X 軸與 Y 軸方向的速度
20  pu_vy = 5
21  level = 0                                   遊戲的難易度 Normal 為 0、Hard 為 1
22  point_you = 0                               玩家的分數
23  point_com = 0                               電腦的分數
24  POINT_WIN = 5                               設定遊戲結束的分數門檻
25  goal = [0, 0]                               碟盤進入終點時的特效
26
27  def click(e):                              在按下滑鼠左鍵時執行的函數
28      global mc                               將 mc 宣告為全域變數
29      mc = 1                                  將 1 代入 mc
30
31  def move(e):                               在滑鼠游標移動時執行的函數
32      global mx, my                           將這些變數宣告為全域變數
33      mx = e.x                                將滑鼠游標的 X 座標代入 mx
34      my = e.y                                將滑鼠游標的 Y 座標代入 my
35
36  def draw_table():                          繪製遊戲畫面的函數
37      cvs.delete("all")                       清除畫布
38      for i in range(2):                      迴圈　i 會從 0 遞增至 1
```

接續下一頁

```
39          if goal[i]>0:
40              goal[i] -= 1
41              if goal[i]%2==0:
42                  cvs.create_rectangle(980*i, 180,
     980*i+20, 420, fill="yellow")
43      cvs.create_image(500, 300, image=img_table)
44      cvs.create_image(pu_x, pu_y, image=img_puck)
45      cvs.create_image(you_x, you_y, image=img_sma_b)
46      cvs.create_image(com_x, com_y, image=img_sma_r)
47      cvs.create_text(500, 40, text=str(point_com)+"
     - "+str(point_you), font=FNT, fill="white")
48      if proc==0:
49          cvs.create_image(500, 160, image=img_title)
50          cvs.create_text(250, 440, text="Normal",
     font=FNT, fill="lime")
51          cvs.create_text(750, 440, text="Hard",
     font=FNT, fill="gold")
52      if proc==2:
53          if point_you==POINT_WIN:
54              cvs.create_text(1000-tmr*10, 300,
     text="YOU WIN!", font=FNT, fill="cyan")
55          else:
56              cvs.create_text(tmr*10, 300, text="COM
     WIN!", font=FNT, fill="red")
57
58  def smasher_you():
59      global you_x, you_y, you_vx, you_vy
60      you_vx = mx - you_x
61      you_vy = my - you_y
62      you_x = mx
63      you_y = my
64
65  def smasher_com():
66      global com_x, com_y, com_vx, com_vy
67      dots = 20+level*10
68      x = com_x
69      y = com_y
70      if get_dis(com_x,com_y,pu_x,pu_y)<50*50:
71          com_x -= dots
72      elif pu_vx<4 and com_x<900:
73          if com_y<pu_y-dots: com_y += dots
74          if com_y>pu_y+dots: com_y -= dots
75          if com_x<pu_x-dots: com_x += dots
76          if com_x>pu_x+dots: com_x -= dots
77      else:
78          com_x += ( 60-com_x)/(16-level*6)
79          com_y += (300-com_y)/(16-level*6)
80      com_vx = com_x - x
81      com_vy = com_y - y
82
83  def puck_comeout():
84      global pu_x, pu_y, pu_vx, pu_vy
85      pu_x = 500
86      pu_y = 0
87      pu_vx = 0
88      pu_vy = 20
89
90  def puck():
```

當 goal[i] 大於 0
goal[i] 的值遞減 1
每 2 個影格在終點位置繪製黃色矩形 1 次
讓黃色矩形閃爍

顯示背景（桌子的圖片）
顯示碟盤
顯示玩家的推板
顯示電腦的推板
顯示分數

當 proc 的值為 0（標題畫面）
顯示標題 logo
在畫面左側顯示 Normal

在畫面右側顯示 Hard

當 proc 的值為 2（遊戲結束）
玩家獲勝時
顯示「YOU WIN！」

否則（電腦獲勝）
顯示「COM WIN！」

移動玩家的推板的函數
將這些變數宣告為全域變數
計算推板的速度

將推板的座標
設定為滑鼠游標的座標

電腦的思考邏輯
將這些變數設定為全域變數
設定推板每次移動幾點
將推板目前的 X 座標代入 x
將推板目前的 Y 座標代入 y
如果與碟盤的距離不到 50 點
推板的 X 座標往左移動
碟盤往左移動，或是慢慢往右移動時
讓推板的座標
往碟盤移動

當碟盤往右移動
讓推板往
守住終點的位置移動
計算推板的速度

讓碟盤於中央出現的函數
將這些變數宣告為全域變數
代入碟盤的座標

代入碟盤的速度

驅動碟盤的函數

```
91      global pu_x, pu_y, pu_vx, pu_vy                     將這些變數宣告為全域變數
92      r = 20 # 碟盤的半徑                                  將碟盤的半徑代入 r
93      pu_x += pu_vx                                       在 X 座標加入 X 軸方向的速度（移動量）
94      pu_y += pu_vy                                       在 Y 座標加入 Y 軸方向的速度（移動量）
95      if pu_y<r and pu_vy<0:                              撞到畫面上緣時
96          pu_vy = -pu_vy                                  讓 Y 軸方向的速度反轉，讓碟盤往下移動
97      if pu_y>600-r and pu_vy>0:                          撞到畫面下緣時
98          pu_vy = -pu_vy                                  讓 Y 軸方向的速度反轉，讓碟盤往上移動
99      if pu_x<r and pu_vx<0:                              撞到畫面左側時
100         pu_vx = -pu_vx                                  讓 X 軸方向的速度反轉，讓碟盤往右移動
101     if pu_x>1000-r and pu_vx>0:                         撞到畫面右側時
102         pu_vx = -pu_vx                                  讓 X 軸方向的速度反轉，讓碟盤往左移動
103     if pu_y<0: pu_y = 0                                 當 Y 座標小於 0 就設定為 0
104     if pu_y>600: pu_y = 600                             當 Y 座標超過 600 就設定為 600
105     if pu_x<0: pu_x = 0                                 當 X 座標小於 0 就設定為 0
106     if pu_x>1000: pu_x = 1000                           當 X 座標大於 1000 就設定為 1000
107     pu_vx = pu_vx*0.95                            ⌐
108     pu_vy = pu_vy*0.95                            ⌐     減速（減少移動量）
109     if get_dis(pu_x,pu_y,you_x,you_y)<50*50:            當碟盤與玩家的推板接觸
110         pu_vx = you_vx*1.2                        ⌐
111         pu_vy = you_vy*1.2                        ⌐     代入新的碟盤速度
112     if get_dis(pu_x,pu_y,com_x,com_y)<50*50:            當碟盤與電腦的推板接觸
113         pu_vx = com_vx*1.2                        ⌐
114         pu_vy = com_vy*1.2                        ⌐     代入新的碟盤速度
115
116 def get_dis(x1, y1, x2, y2):                            計算兩點間距離的函數
117     return (x1-x2)**2 + (y1-y2)**2                      傳回距離的平方值
118
119 def judge():                                            判斷碟盤是否進入終點
120     global point_you, point_com                         將這些變數宣告為全域變數
121     if pu_x<20 and 200<pu_y and pu_y<400:               如果碟盤進入左側的終點
122         point_you += 1                                  讓 point_you 遞增 1
123         goal[0] = 60                                    將 60 代入 goal[0]（播放特效）
124         return True                                     傳回 True
125     if pu_x>980 and 200<pu_y and pu_y<400:              當碟盤進入右側的終點
126         point_com += 1                                  讓 point_com 遞增 1
127         goal[1] = 60                                    將 60 代入 goal[1]（播放特效）
128         return True                                     傳回 True
129     return False                                        如果碟盤沒有進入終點則傳回 False
130
131 def main():                                             執行主要處理的函數
132     global mc, proc, tmr, level, point_you, point_com   將這些變數宣告為全域變數
133     tmr += 1                                            讓 tmr 的值遞增 1
134     draw_table()                                        繪製遊戲畫面
135     if proc==0 and mc==1: # 標題畫面                      在 proc 的值為 0 時按下滑鼠左鍵
136         mc = 0                                          將 mc 設定為 0
137         level = 0                                       將 0 代入 level
138         if mx>500: level = 1                            點選畫面右側之後，將 1 代入 level
139         point_you = 0                                   將 0 代入 point_you
140         point_com = 0                                   將 0 代入 point_com
141         puck_comeout()                                  讓碟盤在畫面中央出現
142         proc = 1                                        將 proc 設定為 1，讓遊戲開始
143     if proc==1: # 遊戲進行中                              當 proc 的值為 1
144         puck()                                          讓碟盤移動
145         smasher_you()                                   玩家移動推板
146         smasher_com()                                   電腦移動推板
147         if judge()==True:                               當碟盤進入終點
148             puck_comeout()                              讓碟盤移動至出現位置
```

接續下一頁

```
149          if point_you==POINT_WIN or point_          當一方達到規定的分數
      com==POINT_WIN:
150              proc = 2                              將 proc 設定為 2，顯示勝負結果
151              tmr = 0                               將 tmr 的值設定為 0
152      if proc==2 and tmr==100: # 勝負結果           當 proc 為 2、tmr 為 100 時
153          mc = 0                                    將 0 代入 mc
154          proc = 0                                  將 proc 設定為 0，回到標題畫面
155      root.after(33, main)                          在 33 毫秒之後，執行 main() 函數
156
157  root = tkinter.Tk()                               建立視窗物件
158  img_title = tkinter.PhotoImage(file="title.png")  ┐將圖片載入變數
159  img_table = tkinter.PhotoImage(file="table.png")  │
160  img_puck = tkinter.PhotoImage(file="puck.png")    │
161  img_sma_r = tkinter.PhotoImage(file="smasher_     │
     r.png")                                           │
162  img_sma_b = tkinter.PhotoImage(file="smasher_     ┘
     b.png")
163  root.title("冰上曲棍球")                           指定視窗標題
164  root.resizable(False, False)                      禁止變更視窗大小
165  root.bind("<Button>", click)                      指定按下滑鼠左鍵之後執行的函數
166  root.bind("<Motion>", move)                       指定滑鼠游標移動之後執行的函數
167  cvs = tkinter.Canvas(width=1000, height=600,      建立畫布元件
     bg="black")
168  cvs.pack()                                        在視窗配置畫布
169  main()                                            呼叫 main() 函數
170  root.mainloop()                                   執行視窗處理
```

表 A-1　主要變數與列表

FNT	定義字型
mx、my	接收滑鼠輸入的變數（滑鼠游標的座標）
mc	接收滑鼠輸入的變數（在按下滑鼠左鍵時設定為 1）
proc、tmr	管理遊戲流程
you_x、you_y	玩家的推板的座標
you_vx、you_vy	玩家的推板的 X 軸方向與 Y 軸方向的速度 ※
com_x、com_y	電腦的推板的座標
com_vx、com_vy	電腦的推板的 X 軸方向與 Y 軸方向的速度 ※
pu_x、pu_y	碟盤的座標
pu_vx、pu_vy	碟盤的 X 軸方向與 Y 軸方向的速度 ※
level	遊戲難易度 Normal 為 0、Hard 為 1
point_you、point_com	玩家的分數、電腦的分數
POINT_WIN	設定獲勝的分數門檻
goal[0]、goal[1]	碟盤進入終點時的特效

※ 這個遊戲的速度是指每格影格移動的點數

除了這些變數之外，還使用了載入圖片的 img_title、img_table、img_puck、img_sma_r、img_sma_b 這些變數。

圖 A-3　執行結果

〉〉〉 關於定義的函數

air_hockey.py 的函數與相關的處理請參考下列表格。

表 A-2　函數與處理的內容

函數名稱	處理內容
click(e)	在按下滑鼠左鍵時，將 1 代入變數 mc
move(e)	當滑鼠游標移動時，將滑鼠游標的座標代入 mx 與 my
draw_table()	繪製遊戲畫面
smasher_you()	讓玩家的推板移動
smasher_com()	讓電腦的推板移動
puck_comeout()	讓碟盤在畫面中央出現
puck()	讓碟盤移動
get_dis(x1, y1, x2, y2)	計算兩點之間的距離（傳回距離的平方值）
judge()	判斷碟盤是否進入終點
main()	執行主要處理

接著說明主要函數的處理內容。

》》》 smasher_you() 函數

這個函數會讓玩家的推板跟著滑鼠游標移動。

```python
def smasher_you():
    global you_x, you_y, you_vx, you_vy
    you_vx = mx - you_x
    you_vy = my - you_y
    you_x = mx
    you_y = my
```

you_vx = mx - you_x、you_vy = my - you_y 可將滑鼠游標的座標與推板目前的座標（移動前的座標）的差代入 you_vx 與 you_vy。這兩個值是推板移動的速度。算出速度之後，再以 you_x = mx、you_y = my 的公式，將推板的座標設定為滑鼠游標的座標。

這個程式裡的速度就是每一格影格往 X 軸、Y 軸方向移動幾點的值。這個值會在移動碟盤的函數之中，作為打擊碟盤的速度使用。

》》》 smasher_com() 函數

這個函數是電腦的思考邏輯，會進行推板移動的計算，以便與玩家對抗。

```python
def smasher_com():
    global com_x, com_y, com_vx, com_vy
    dots = 20+level*10
    x = com_x
    y = com_y
    if get_dis(com_x,com_y,pu_x,pu_y)<50*50:
        com_x -= dots
    elif pu_vx<4 and com_x<900:
        if com_y<pu_y-dots: com_y += dots
        if com_y>pu_y+dots: com_y -= dots
        if com_x<pu_x-dots: com_x += dots
        if com_x>pu_x+dots: com_x -= dots
    else:
        com_x += ( 60-com_x)/(16-level*6)
        com_y += (300-com_y)/(16-level*6)
    com_vx = com_x - x
    com_vy = com_y - y
```

這個函數裡的變數 level 會在玩家選擇 Normal 的時候為 0，以及選擇 Hard 的時候為 1。電腦移動推板的基本速度（點數）會代入 dots 這個變數。計算這個變數值的公式為 dots = 20+level*10，所以當玩家選擇 Normal 時，這個變數值為 20，選擇 Hard 的時候為 30。

這個函數先以 if get_dis(com_x,com_y,pu_x,pu_y)<50*50 的 if 條件式確認電腦的推板是否與碟盤重疊。如果重疊，就以 com_x-=dots 的公式讓推板往左移動，讓碟盤從右邊過來。要注意的是，有時候會因為兩者的相對位置導致碟盤把往左推。

接著利用 elif pu_vx<4 and com_x<900 的 if 條件式取得碟盤的 X 軸方向的速度以及電腦的推板的 X 座標，在碟盤往左前進或停止，以及慢慢往右前進時，利用下面四個 if 條件式讓推板往碟盤的位置移動。
這個計算可呈現將碟盤打往玩家地盤的動作。com_x<900 的條件式是為了避免電腦的推板走到畫面右端。

最後的 else 是讓碟盤以一定的速度往右持續前進時的處理，此時會以 com_x += (60-com_x)/(16-level*6)、com_y += (300-com_y)/(16-level*6) 的公式讓推板往（60, 300）的座標移動。
這個座標是在彈回玩家打過來的碟盤時，在終點前方的位置，主要就是透過這項計算保護終點。
16-level*6 的計算結果會在玩家選擇 Normal 的時候為 16，在選擇 Hard 的時候為 10，所以當玩家選擇 Hard 的時候，電腦會更快回防終點。

接下來是在移動推板之前，先以 x=com_x、y=com_y 的公式將推板目前的座標代入變數 x 與變數 y。等到推板的座標產生變化，再以 com_vx = com_x - x、com_vy = com_y - y 的公式將推板的速度代入 com_vx 與 com_vy。
這些速度值會於驅動碟盤的函數之中，作為打擊碟盤的速度使用。

>>> puck() 函數

這次的程式是以這個函數驅動碟盤。

```
def puck():
    global pu_x, pu_y, pu_vx, pu_vy
    r = 20 # 碟盤的半徑
    pu_x += pu_vx
    pu_y += pu_vy
    if pu_y<r and pu_vy<0:
        pu_vy = -pu_vy
    if pu_y>600-r and pu_vy>0:
        pu_vy = -pu_vy
    if pu_x<r and pu_vx<0:
        pu_vx = -pu_vx
    if pu_x>1000-r and pu_vx>0:
        pu_vx = -pu_vx
    if pu_y<0: pu_y = 0
    if pu_y>600: pu_y = 600
    if pu_x<0: pu_x = 0
    if pu_x>1000: pu_x = 1000
    pu_vx = pu_vx*0.95
    pu_vy = pu_vy*0.95
    if get_dis(pu_x,pu_y,you_x,you_y)<50*50:
        pu_vx = you_vx*1.2
        pu_vy = you_vy*1.2
    if get_dis(pu_x,pu_y,com_x,com_y)<50*50:
        pu_vx = com_vx*1.2
        pu_vy = com_vy*1.2
```

pu_vx 的值是碟盤的 X 軸方向的速度，pu_vy 的值是 Y 軸方向的速度。將這兩個值分別加到 pu_x 與 pu_y，讓碟盤的座標產生變化。

改變座標之後，再以

```
    if pu_y<r and pu_vy<0:
        pu_vy = -pu_vy
```

4 個 if 條件式確認碟盤是否抵達畫面的上下左右的邊緣，如果抵達畫面的邊緣，就讓 X 軸或 Y 軸方向的速度反轉，讓碟盤從畫面的邊緣彈開。

這些 if 條件式就如 if pu_y<r and **pu_vy<0** 或是 if pu_x>1000-r and **pu_vx>0** 一樣，會取得各軸方向的速度是正還是負（方向）。如果只寫成 if pu_y<r 或是 if pu_x>1000-r，在某些座標與速度之下，碟盤會無法順利彈開。

這個程式的碟盤會慢慢地減速，而這個減速的計算是由 pu_vx = pu_vx*0.95、pu_vy = pu_vy*0.95 的公式負責。如果將公式裡的 0.95 調得更小，碟盤會立刻停下來，如果調成接近 1.0 的值，碟盤就很難停下來。

> 電子冰上曲棍球的營業機台有很多個洞，而這些洞會吹出空氣，讓碟盤浮起來，減少碟盤與桌面的摩擦。這次就是利用上述的公式呈現碟盤被推板打中之後，迅速往前滑的動態。

利用推板打擊碟盤的計算是由 if get_dis(pu_x,pu_y,you_x,you_y)<50*50 以及後續的公式負責。計算兩點間距離的 get_dis() 函數會判斷碟盤是否與玩家的推板碰撞（碰撞偵測）。

如果碟盤與玩家的推板碰撞，就利用 pu_vx = you_vx*1.2、pu_vy = you_vy*1.2 的公式代入新的速度。如果把 *1.2 的值放大，打飛碟盤的速度就會變得更快。

》》 get_dis(x1, y1, x2, y2) 函數

這是計算兩點間距離的函數。在此說的距離就是點數。這個函數會用來判斷碟盤與推板是否碰撞。

```
def get_dis(x1, y1, x2, y2):
    return (x1-x2)**2 + (y1-y2)**2
```

一如第 8 章，第 254 頁所述，這個計算兩點間距離的公式沒有使用根號，而是傳回平方值。在呼叫這個函數的時候，會以 get_dis(pu_x,pu_y,you_x,you_y)<50*50 的方式，也就是以函數的傳回值＜距離平方值的公式進行碰撞偵測。

> 要使用根號就得匯入 math 模組，還得使用 sqrt() 函數。math 是具有數學計算功能的模組。

>>> judge() 函數

這是確認碟盤是否進入雙方終點的函數。

```
def judge():
    global point_you, point_com
    if pu_x<20 and 200<pu_y and pu_y<400:
        point_you += 1
        goal[0] = 60
        return True
    if pu_x>980 and 200<pu_y and pu_y<400:
        point_com += 1
        goal[1] = 60
        return True
    return False
```

這個函數是以 if pu_x<20 and 200<pu_y and pu_y<400、if pu_x>980 and 200<pu_y and pu_y<400 取得碟盤的座標，判斷碟盤是否進入終點。

如果碟盤進入重點，就讓分數加 1，再將 60 代入 goal[] 以及傳回 True，然後結束函數的處理。假設在呼叫這個函數之後傳回 True，就代表碟盤進入終點。

goal[0] 與 goal[1] 是讓終點的裂縫閃黃光的列表。記得確認 draw_table() 函數的 if goal[i]>0 的處理。

>>> main() 函數

這次是以這個函數管理遊戲的流程。

當 proc 為 0 時，會進行標題畫面的處理，至於玩家是否點選了畫面，則以變數 mc 的值判斷。當玩家點選了畫面，就會以變數 mx 的值判斷玩家點選的是畫面的左側還是右側，再決定要進入 Normal 模式還是 Hard 模式，接著再將玩家與電腦的分數設定為 0，以及進入遊戲。

當 proc 為 1 時，會執行遊戲開始的處理。會利用各種預先定義的函數控制碟盤、玩家與電腦的推板以及判斷碟盤是否進入終點。假設有一方的分數達到預設的勝利門檻，就將 proc 設定為 2 與顯示勝負結果。

當 proc 為 2 時，會執行判斷勝負的處理。此時會顯示玩家或電腦獲勝，並在過了一段時間之後回到標題畫面。

main() 函數會以 root.after(33, main) 的程式碼，在每 33 毫秒執行一次，也就是在 1 秒之內執行 30 次的即時處理。這種在 1 秒之內重新繪製畫面的次數稱為「**影格**」，這個電子冰上曲棍球是以每秒 30 格影格（30FPS）的速度執行。

莉香前輩，這個遊戲只能一個人玩，所以讓我們比賽一下，看誰能更快戰勝電腦。

好啊！讓我們用智慧型手機的計時器計時。之後也可以改良這個程式，顯示遊戲開始到結束的時間喔！

對耶！之前也學過以 Python 顯示時間的方法。似乎可以利用學過的知識實現這個功能。

能否活用學過的知識非常重要喲！一步一腳印地慢慢學，就能越走越遠，越學越多喔！

意思是活用學過的東西，以及一步步慢慢前進對吧？莉香前輩的話總是讓我受惠良多。我的研修課程在此結束，接下來會正式分配到業務部門，但我會繼續學下去的。

有這股志氣就夠了。話不多說，讓我們開始比賽吧！這次要賭午餐嗎？

呃……還是不要好了。
莉香前輩好像很強耶（笑）

如果大家有空的話，不如參考莉香與優斗的意見，試著改造這個程式。改造程式的時候，會更了解程式的內容，程式設計的功力也會越來越深。

為了讓大家了解這個電子冰上曲棍球的計算內容，以及正確了解物體的移動方式，所以才沒有使用亂數，但電腦遊戲若是利用亂數增加一些不確定性，玩起來會更加刺激有趣。利用亂數讓電腦的推板隨便亂動就是不錯的嘗試，有機會請大家務必挑戰看看！

結語

感謝大家願意讀到最後。

在撰寫本書時，我得到許多創意人員的幫助，非常感謝他們。此外，也由衷感謝 Sotech 公司的每位工作人員，在他們的協助之下，我才有機會寫了三本與遊戲開發有關的書籍。此外，也非常感謝我的老婆與女兒，謝謝她們幫我測試書裡的遊戲，讓我知道該如何調整遊戲的狀態。

本書的目標是帶著大家透過遊戲開發，快樂地學習演算法，如果真能讓各位讀者開心地學習書中內容，筆者與出版社的願望也算是實現了，不知道大家覺得有趣嗎？

Python 是能開發商業軟體以及在各種學術領域大展拳腳的程式設計語言。本書雖然以電腦遊戲為題，介紹了許多程式設計的知識，但其實 Python 還能在各種工作應用。

最後有一件事情想跟大家分享。我之前在某間公司上班了 10 年，之後創辦了遊戲開發公司，一邊經營公司，一邊於教育機構指導程式設計。當寫程式變成每天都得做的工作之後，偶爾還是會覺得「這份工作好辛苦啊」。

學習總是會遇到挫折，有時候也會很想放棄，這時候請大家務必回想一下，第一次看到自己寫的程式動起來的感動。將這份最初、最純粹的感動放在心裡，就能一步步往前走下去。我自己就是這樣走過來的。

但願有機會與各位再次相遇，也希望今後能與各位一路同行，請恕筆者就此擱筆。

廣瀨 豪

Index

協力設計師

◇ **角色插圖**
大森 百華

◇ **Chapter 4 圖片素材**
WWS 設計團隊

◇ **Special Thanks**
菊地 寬之 先生

◇ **Chapter 1 遊戲畫面**
セキ リュウタ

◇ **Chapter 6 翻牌配對遊戲**
イロトリドリ

◇ **Chapter 3 插圖**
遠藤 梨奈

◇ **特別附錄 電子冰上曲棍球**
橫倉 太樹

Attention

範例檔的密碼

範例檔是以 ZIP 的格式壓縮，也設定了解壓縮的密碼。

請以半形字元正確輸入下列的密碼（大小寫需相同），解壓縮之後再使用。

密碼：PyGameAlgo

作者簡介

廣瀨 豪（ひろせ つよし）

早稻田大學理工學部畢業。於 Namco 以及任天堂與 KONAMI 的合辦公司服務之後，設立製作遊戲的 World Wide Software 股份有限公司。

從事各種遊戲的開發，也利用程式設計的技術開發各種應用軟體。

目前一邊經營公司，一邊於教育機關指導程式設計與遊戲開發或是撰寫相關書籍。第一次開發遊戲是在國中的時候，之後就本著工作與興趣，以組合語言、C/C++、C#、Java、JavaScript、Python 這類程式語言開發遊戲與程式。

【 著作 】

《いちばんやさしい JavaScript 入門教室》、
《いちばんやさしい Java 入門教室》、
《仕事を自動化する！Python 入門講座》（以上皆由 Sotech 公司出版）、
《Python 遊戲開發講座入門篇｜基礎知識與 RPG 遊戲》、
《Python 遊戲開發講座進階篇｜動作射擊與 3D 賽車》、
（以上兩本繁體中文版皆由碁峰資訊出版）

Python 遊戲開發講座｜演算法篇

作　　者：廣瀬豪
譯　　者：許郁文
企劃編輯：江佳慧
文字編輯：王雅雯
設計裝幀：張寶莉
發 行 人：廖文良

發 行 所：碁峰資訊股份有限公司
地　　址：台北市南港區三重路 66 號 7 樓之 6
電　　話：(02)2788-2408
傳　　真：(02)8192-4433
網　　站：www.gotop.com.tw
書　　號：ACG006800
版　　次：2023 年 02 月初版
建議售價：NT$620

商標聲明：本書所引用之國內外公司各商標、商品名稱、網站畫面，其權利分屬合法註冊公司所有，絕無侵權之意，特此聲明。

版權聲明：本著作物內容僅授權合法持有本書之讀者學習所用，非經本書作者或碁峰資訊股份有限公司正式授權，不得以任何形式複製、抄襲、轉載或透過網路散佈其內容。

版權所有 ● 翻印必究

國家圖書館出版品預行編目資料

Python 遊戲開發講座：演算法篇 / 廣瀬豪原著：許郁文譯. -- 初版. -- 臺北市：碁峰資訊, 2023.02
　　面；　　公分
　　ISBN 978-626-324-372-9(平裝)
　　1.CST：電腦程式設計　2.CST：電腦遊戲　3. CST：Python
(電腦程式語言)
312.2　　　　　　　　　　　　　　　　　111018781

讀者服務

● 感謝您購買碁峰圖書，如果您對本書的內容或表達上有不清楚的地方或其他建議，請至碁峰網站：「聯絡我們」\「圖書問題」留下您所購買之書籍及問題。(請註明購買書籍之書號及書名，以及問題頁數，以便能儘快為您處理)
http://www.gotop.com.tw

● 售後服務僅限書籍本身內容，若是軟、硬體問題，請您直接與軟體廠商聯絡。

● 若於購買書籍後發現有破損、缺頁、裝訂錯誤之問題，請直接將書寄回更換，並註明您的姓名、連絡電話及地址，將有專人與您連絡補寄商品。